面向"十二五"高职高专规划教材·计算机系列

计算机操作系统
（第2版）

主　编　殷士勇
副主编　吴　强　顾大明
主　审　张荣华

清 华 大 学 出 版 社
北 京 交 通 大 学 出 版 社
·北京·

内 容 简 介

操作系统是现代计算机发展的重要基础。计算机操作系统是计算机专业的必修课程，也是从事计算机应用人员必不可少的知识。

本书内容涵盖了操作系统原理的基本内容，包括操作系统概述、进程管理、处理机调度与死锁、存储器管理、设备管理、文件管理、操作系统接口、常用的操作系统介绍等。

本书从操作系统的基本原理出发结合实际应用，本着一切为读者服务的想法，在内容的取舍、语言的描述、例题习题的选择等方面侧重于实践应用及易于组织教学。本书简明实用、重点突出、主次分明、结构清晰，并有大量针对性的例题和习题，同时每章开头都有本章的内容提要和学习目标，每章结束都有对本章的总结，便于读者学习和巩固。

本书适合高等职业教育、高等专科学生作为教材使用，也适合于应用型本科学生或从事计算机应用人员作为参考书。

图书在版编目（CIP）数据

计算机操作系统/殷士勇主编 . —2 版 . —北京：北京交通大学出版社：清华大学出版社，2019.3（2020.8 重印）

（面向"十二五"高职高专规划教材·计算机系列）

ISBN 978-7-5121-3815-5

Ⅰ. ①计…　Ⅱ. ①殷…　Ⅲ. ①操作系统-高等职业教育-教材　Ⅳ. ①TP316

中国版本图书馆 CIP 数据核字（2019）第 024605 号

计算机操作系统
JISUANJI CAOZUO XITONG

责任编辑：谭文芳

出版发行：清 华 大 学 出 版 社　邮编：100084　电话：010-62776969　http://www.tup.com.cn
　　　　　北京交通大学出版社　邮编：100044　电话：010-51686414　http://www.bjtup.com.cn
印 刷 者：北京时代华都印刷有限公司
经　　销：全国新华书店
开　　本：185 mm×260 mm　印张：11.5　字数：291 千字
版　　次：2019 年 3 月第 2 版　2020 年 8 月第 2 次印刷
书　　号：ISBN 978-7-5121-3815-5
印　　数：3 001～5 000 册　定价：31.00 元

本书如有质量问题，请向北京交通大学出版社质监组反映。对您的意见和批评，我们表示欢迎和感谢。
投诉电话：010-51686043，51686008；传真：010-62225406；E-mail：press@bjtu.edu.cn。

前　　言

计算机操作系统是计算机系统的重要组成部分，在计算机系统的软件中占据核心地位。操作系统的好坏直接关系到计算机系统性能的好坏和用户的使用方便与否，因此，计算机操作系统也成为计算机科学技术等专业的必修课程。

本书是编者在教学实践经验的基础上，查阅了大量有关操作系统的著作和教材后编著而成的，可作为高职高专计算机及相关专业的操作系统课程的教材。

本书共 8 章，简单介绍如下。

第 1 章绪论：主要介绍与操作系统相关的概念，包括操作系统的作用与地位、操作系统的定义、操作系统的特征与功能。

第 2 章进程管理和第 3 章处理机调度与死锁：这两章可以合成一个单元，主要介绍进程的概念、进程的控制、进程的通信等相关的概念及操作、处理机的调度策略及死锁的相关知识。

第 4 章存储器管理：主要介绍存储器的功能，分区分配存储器管理，分页、分段存储器管理及虚拟存储器管理。

第 5 章设备管理：主要介绍设备管理的功能，I/O 系统及设备分配，缓冲技术，磁盘存储管理等。

第 6 章文件管理：主要介绍文件管理的相关概念，文件的存取方式和存储空间的管理、目录管理及文件的共享与安全。

第 7 章操作系统接口：主要介绍脱机用户接口、联机用户接口及系统调用。

第 8 章常用操作系统简介：简单介绍目前流行的几种操作系统。

本书由殷士勇担任主编，负责统稿与定稿；吴强、顾大明担任副主编；孟庆菊、李建霞、冉翠翠参加了编写工作。由于时间仓促，编者水平有限，书中难免有不足之处，敬请读者不吝指正。

编　者

2010 年 1 月

第 2 版前言

本教材第 1 版出版以来，得到了大量读者特别是高职院校师生的肯定。经过多年的教学使用，并随着操作系统技术的发展，教材的更新也提上了日程。在教材的修订过中，我们保留了第 1 版的整体结构，并结合近几年的教学实践和操作系统发展的最新技术，删除了部分过时的内容，增加了目前新的操作系统的介绍，个别内容的顺序进行了调整，最终形成了教材第 2 版。希望能适应操作系统课程和高职人才培养的需求。

编 者

2019 年 1 月

目　　录

第 1 章 绪 论

本章内容提要及学习目标

操作系统是计算机学科的主要研究领域，为计算机的发展起了巨大的推动作用。本章主要介绍操作系统相关的基本概念，包括操作系统的地位和应用、操作系统的定义、操作系统的发展，以及操作系统的特征和功能。

本章应该重点掌握操作系统的定义及功能，掌握操作系统的三种基本类型及特点，领会多道程序设计技术，为后续课程的学习打下基础。

1.1 操作系统概述

1.1.1 计算机系统的组成

现代计算机是 20 世纪 40 年代人类最伟大的发明之一。经历了半个多世纪的不断发展，它对人类社会的进步与发展发挥了巨大的作用，其意义深远。随着计算机的不断普及，它被广泛地应用于科学计算、工业控制、数据分析及信息传递等，已经涉及教育、经济、文化、家庭等诸多领域。

计算机系统是一个复杂的系统。一个完整的计算机，不论是巨型计算机、大型计算机、小型计算机还是个人计算机，都是由硬件和软件两大部分组成的。

计算机硬件是指计算机系统中所有能被看到的实际物理装置的总称。例如，计算机的机箱、键盘、鼠标、显示器、打印机等。

计算机软件是指在计算机中运行的各种程序、数据及相关文档。程序用于控制计算机硬件完成规定的操作；数据是程序处理的对象；文档是软件的设计报告、操作使用说明等。

从应用角度分，软件可分为系统软件和应用软件两大类。系统软件是指能有效地管理计算机硬件和软件，为用户管理与使用计算机提供方便的一类软件，如数据库管理系统（database management system，DBMS）、基本输入输出系统（basic input/output system，BIOS）、程序设计语言处理系统、操作系统（operating system，OS）等。应用软件是指用于解决各种具体问题的软件，如财务软件、学生管理软件、播放器软件等。

计算机硬件和计算机软件是相辅相成、相互依存的。硬件是整个计算机系统的物质基础，没有硬件系统就谈不上计算机；软件是灵魂，没有软件系统，计算机是无法正常工作的。两者相互推动，共同促进计算机的发展。

1.1.2 操作系统的地位和作用

操作系统是系统软件的一种，而且它是系统软件的核心。

1. 操作系统的地位

计算机系统从里向外呈现一种层次结构，如图1-1所示，包括硬件、操作系统、其他系统软件和应用软件。

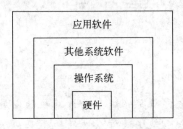

图1-1 计算机系统的层次结构图

由图1-1可见，操作系统介于硬件与其他系统软件之间。它能管理和分配计算机系统内层的硬件及外层的其他系统软件和应用软件，使之能为用户提供良好的服务，并能保证各种应用程序正常运行。可以这样说，对于用户而言，一刻也离不开操作系统，没有操作系统，计算机将无法正常运行。

2. 操作系统的作用

操作系统的作用可以从不同的角度来考查，一般有3个方面：用户的角度、资源管理的角度、开发和运行应用程序的角度。

（1）操作系统为用户提供了友善的人机接口

人机接口也叫用户界面或人机界面，它是实现用户与计算机"对话"的软件和硬件的总称。用户在操作系统的帮助下能安全、快捷、方便地操纵和管理计算机软件和硬件。早期的DOS系统使用的是命令方式，即用户可以通过键盘输入相关的命令来操纵计算机系统。Windows系统是借助于图形用户界面来操纵计算机系统的，用户可以通过屏幕上的窗口或图标，直观、灵活、有效地使用计算机。

（2）操作系统能有效地管理系统中的各种资源

操作系统能合理地控制和处理各种资源，合理地组织系统的工作流程，尽可能地提高系统资源的利用率，最大限度地满足用户的需求。例如，在计算机系统中可以有多个程序同时运行，这些程序在运行过程中可能会使用到系统中的各种资源。此时，各个程序对资源的需求会发生冲突，尤其在多个程序同时需要某种稀少资源（如处理机）时发生冲突的可能性很大。如果对这些程序需求的资源及系统中的资源不加以管理，会造成混乱甚至有可能会损坏设备。为此，操作系统就承担着资源的调度和分配的任务，以避免冲突，保证系统中的各种资源能有效地被利用，且程序能正常、有序地运行。

（3）操作系统为应用程序的开发和运行提供了一个有效的平台

在没有任何软件的机器上开发和运行应用程序难度很大、效率极低，基本难以实现。但是，应用程序和其他系统软件在操作系统提供的操作平台下得以建立和运行。操作系统为应用程序提供了有力的支持，从而为开发和运行其他系统软件及各种应用程序提供了有效的平台。

1.1.3　操作系统的定义

对操作系统至今尚无严格统一的定义，大多是以描述性的方式给出操作系统的定义，这主要是人们从不同的角度去探索操作系统本质的结果。

本教材中，为操作系统给出的定义为：操作系统是管理和控制计算机中各种资源、合理地组织计算机工作流程、为用户使用计算机系统提供方便的软件。

 提示：对于操作系统的定义，请读者注意理解，而不是死记硬背。

1.2　操作系统的发展

操作系统经历了一个从无到有、从功能简单到功能完备的演变过程。随着计算机技术的不断发展和计算机应用的日益普及，操作系统的地位不断提升，最终成为计算机系统的核心。为了更好地理解操作系统，下面回顾一下操作系统的形成、发展历程。

1.2.1　无操作系统的计算机系统

1. 人工操作

从 1946 年第一台计算机的诞生到 20 世纪 50 年代中期，这个时期是无操作系统时期。该时期的计算机操作是由用户采用操作的方式直接控制计算机硬件系统完成的。大致的过程为：用户通过纸带输入机（或卡片输入机）将事先已穿孔的纸带（或卡片）和数据输入到计算机中，然后启动计算机运行。用户主要通过观察控制台上的氖灯显示，用按钮或开关来操作程序的运行过程。从操作过程来看，可以得出人工操作方式的特点。

- 机器空闲时间长。程序在运行过程中需要人工干预，如装纸带、按按钮等，并且人工干预的时间越长，机器空闲等待时间也越长。
- 用户独占性。只有等某个用户的程序运行结束并取出结果后，其他用户才可以使用计算机，也就是说计算机的所有资源被上机的用户独占。

无操作系统方式在早期计算机运行速度较慢时是可以忍受的，也是可以理解的。但是到了 20 世纪 50 年代后期，计算机速度大大提高后，手工操作与机器运行在速度方面的矛盾显得越来越突出，人工操作的时间远远超过计算机的运行时间。

例如，假设一个程序在速度为每秒 10 000 次的计算机上运行，需要 50 分钟，人工操作时间为 5 分钟。此时人工操作时间比程序运行时间为 1:10。若计算机的运行速度提高到每秒运行 1 000 000 次后，运行同样的一个程序需要 0.5 分钟，而手工操作的时间不会有较大的变化。假定仍为 5 分钟，此时，手工操作时间比程序运行时间为 10:1，显然缩短手工操作时间或取消手工操作显得非常重要。

2. 联机输入输出与脱机输入输出

为了避免在作业到作业的过渡过程中人工的干预，出现了联机输入输出和脱机输入输出两种输入输出方式。

联机输入输出与脱机输入输出的区别主要是：在联机输入输出方式下，程序和数据的输入是在主机的控制下完成的；而在脱机输入输出方式下，则是在外围机的控制下完成的。两者相比，脱机输入输出方式更能解决主机与 I/O 设备之间在速度不匹配方面的矛盾，提高 I/O 设备的速度，也减少了主机的等待时间。

联机输入输出与脱机输入输出的示意图如图 1-2 所示。

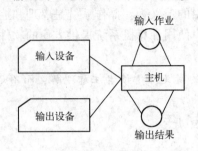

（a）联机输入输出

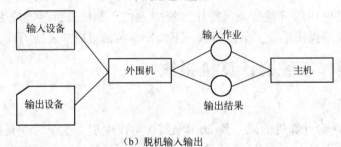

（b）脱机输入输出

图 1-2　联机输入输出与脱机输入输出的示意图

1.2.2　批处理系统

1. 单道批处理系统

20 世纪 50 年代，单道批处理系统由 GeneralMotors 研究室在 IBM70 上实现。批处理是指在加载到计算机上的一个系统软件的控制下，计算机能够自动地成批处理一个或多个用户的作业。这里所说的"作业"，是指用户使用计算机完成一个独立的、完整的任务。其工作流程是：操作员将若干个待处理的作业以脱机方式输入到磁带（盘）上，再由系统中的监督程序控制这批作业一个接一个地连续处理。

单道批处理的自动处理过程为：由监督程序将磁带（盘）上的第一个作业调入内存，并把运行控制权交给作业；当该作业处理完后，又将运行控制权交给监督程序；监督程序再将磁带（盘）上的下一个作业调入内存；再次将运行控制权交给在内存的作业，如此反复，直到磁带（盘）上的所有作业全部完成。由于系统处理作业都是成批完成的，且内存中始终只有一道作业，因此被称为单道批处理。单道批处理系统的处理流程如图 1-3 所示。

由上述自动处理过程可以得出单道批处理系统的特点，具体如下。

　　⋋ 自动性：作业在无人工干预下，一个接一个地自动完成。

　　⋋ 顺序性：作业执行的次序是按作业先后调入内存的次序。

　　⋋ 单道性：内存中只有一个作业在运行。

单道批处理系统可以减少人工操作时间，提高系统的利用率。但当外部程序发出请求

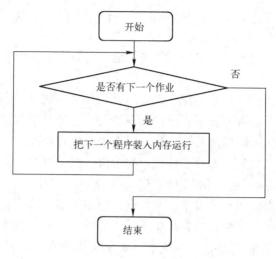

图 1-3 单道批处理系统的处理流程图

时，由于其单道性，故 CPU 处于等待 I/O 完成状态，致使 CPU 空闲。尤其当 I/O 设备是事故设备时，机器的等待时间就会变长，故机器的利用率就会下降。

2. 多道批处理系统

20 世纪 60 年代中期，又引入了多道程序设计技术。即使 CPU 与外用设备可以并行操作，同时把多个作业放入内存并允许它们交替执行，共享 CPU 和系统中的各种资源。

在多道批处理系统中，用户提交的作业暂放在外存设备上，并排成一个称为"后备队列"的队列中，再由作业调度程序按一定的算法从这个后备队列中选择若干个作业调入内存，让它们并发执行。

与单道批处理系统相比，多道批处理系统具有如下特点。

- 多道性：内存中可以同时有几道作业，且允许它们并发执行。
- 无序性：作业完成的先后次序与它们进入内存的次序无关。
- 调度性：作业从提交到完成要经历两次调度，一是按作业调度算法从外存设备的作业队列中选若干个作业进入内存，二是按进程调度算法，从已在内存中的作业中选择一个作业进行执行。

多道批处理系统的优点表现在：

- 内存中可以以共享资源的形式，同时驻留多道作业，作业的并行执行可保持资源处于"忙碌"状态，从而提高资源的利用率。
- 各种资源处于"忙碌"状态且要等到作业处理结束时，才被切换出去，故可以提高系统单位时间内所完成的总工作量，即系统的吞吐量。

多道批处理系统的不足表现在：

- 多道批处理的平均周转时间较长（作业从进入系统开始，直到完成并退出系统所经历的时间称为平均周转时间），主要是由于作业要排队，还要经历两次调度。
- 交互能力差，用户一旦把作业提交给系统，直到作业完成，用户都不能与其进行交互，这样不便于信息的交流。

1.2.3　分时系统

在手工操作阶段，用户可以直接控制程序的运行，但手工操作方式因用户独占机器而造成机器的效率低下。

在批处理系统中，用户将自己的作业提交后就与作业脱离了，等到这批作业被处理后，用户才可以得到结果。在这种方式下，用户没办法与自己的作业交互，哪怕作业中有错误，只要提交了作业，用户也不能修改其中的错误。若用户想要修改作业中的错误，只有等到作业被处理完，得到错误结果后，再修改作业中的错误，然后再次提交给系统。所以批处理方式虽然可以提高系统的吞吐量，但不方便用户。

能否有一种技术既保证机器的效率，又可以方便用户使用计算机？答案是肯定的，这就是分时技术。所谓分时技术是指把批处理机的时间分成较短的"时间片"，把"时间片"轮流地分配给各个联机的作业使用的一种技术。如果某作业在规定的"时间片"内未完成，则该作业被无条件地停下来，将处理机的控制权让给下一个作业而去等待下一轮的运行。在一个相对较短的时间内，每个用户作业都可以得到处理，以实现人机交互。

将分时技术应用到系统中来就成了分时系统。分时系统具有如下特征。

- ⚲ 多路性：多路性也叫同时性，即允许在一台主机上，同时连接多台联机终端，而每个终端按分时原则都可以得到处理机。
- ⚲ 独占性：每个用户各占用一个终端，彼此独立操作，互不干扰。因此，用户觉得是自己独占了主机。
- ⚲ 及时性：即用户的请求能在很短的时间内得到响应。
- ⚲ 交互性：用户可以通过终端与系统进行广泛的人机对话。

1.2.4　实时系统

"实时"是指计算机要能及时地响应外部事件的请求，并以足够快的速度完成对事件的处理。实时系统主要应用于实时控制和实时信息的处理领域。

1. 实时控制

把计算机用于生产过程的控制，形成以计算机为中心的控制系统。该控制系统中有一个被控制的对象，通过特殊的外围设备将控制对象所产生的信息传递给计算机系统，计算机接到后，对信号进行分析处理，并做出决策，然后将结果信号通过特殊的外围设备传递给被控制对象。常见的实时控制有：工业控制、宇航控制、铁路运输控制等。

2. 实时信息处理

实时信息处理系统是指用于对信号进行实时处理的系统，根据用户提出的请求，对信息进行检索或处理，并在很短的时间内做出回答。常见的实时信息处理系统有：火车的订票系统、图书管理信息系统。

从以上叙述中可以得到实时系统具有如下基本特征。

- ⚲ 及时性：即要求能对外部事件请求做出及时响应和处理。这点与分时系统很类似。
- ⚲ 可靠性：实时系统要求系统高度可靠，往往都采取了多级措施来保障系统的安全性及数据的安全性。

1.3　操作系统的特征和功能

1.3.1　操作系统的特征

操作系统的主要特征表现在以下几个方面。

1. 并发性

并发性是指两个或多个事件在同一个时间间隔内发生。在多道程序环境下，并发性是指宏观上一段时间内有多道程序在同时运行；在单道处理机系统中每一刻只能执行一道程序，因此这些程序是在同一时间间隔内交替执行的。

值得注意的是并发性与并行性的区别。并行性是指两个或多个事件在同一时刻发生。简单而言，并行性强调的是"同时"，并发性强调的是"交替"。

2. 共享性

共享性是指某个硬件或软件资源不为某个程序独占，而是供多个用户共同使用。例如，打印机、磁带等都是可以提供给多个用户使用的。

并发性和共享性是操作系统两个最基本的特征，它们互为存在条件。一方面，资源共享是以程序的开发执行为条件的，或者说，若系统不允许程序的并发执行，就不会有资源的共享；另一方面，若系统不能对资源共享实施有效的处理，程序并发执行也不能顺利实现。

3. 虚拟性

操作系统中的虚拟是指通过某种技术把一个物理上的实体变为若干个逻辑的对应物。物理实体是实际存在的，而逻辑上的对应物是用户的一种感觉。

例如，在操作系统中引入多道程序设计技术后，虽然只有一个 CPU，每次只能执行一道程序，但当引入分时技术后，在一段时间间隔内，宏观上看起来有多个程序执行。在用户看来，就好像是多个处理机在各自运行自己的程序。

4. 不确定性

不确定性可表现为程序执行结果不确定性和程序何时被执行及每道程序所需时间的不确定性。

1.3.2　操作系统的功能

从资源管理的角度看，操作系统应具有处理机管理、存储器管理、设备管理和文件管理四大管理功能。同时，为了方便使用操作系统，还应提供用户接口。

1. 处理机管理功能

处理机管理的主要任务是对处理机的分配和运行实施有效的管理。在多道程序环境中，处理机的分配和运行一般是以进程为单位的。因此对处理机的管理可看作是对进程的管理。进程管理主要包括以下几个方面。

① 进程控制：包括进程的创建、进程的撤销、进程的状态转换。

② 进程同步：主要是对并发执行的进程进行协调。协调方式有两个：进程互斥，当进

程对临界资源访问时，应采用互斥方式；进程同步，当进程进行相互合作完成共同任务时，应采用同步方式。

③ 进程通信：主要完成进程间的信息交换。

④ 进程调度：按一定算法进行处理机分配。

2. 存储器管理功能

存储器管理的主要内容包括内存的分配和回收、内存的保护和共享、内存的自动扩充等。

① 内存分配：主要任务是按照一定的策略为每道程序分配内存空间，并在程序运行结束时即时回收内存。

② 内存保护：主要任务是确保每道程序在自己的内存空间中运行，互不干扰。即不允许用户程序访问操作系统和其他用户的程序或数据。

③ 地址交换：主要任务是实现逻辑地址到物理地址的映射。

④ 内存扩充：主要任务是借助于虚拟存储技术去获得增加内存的效果。

3. 设备管理功能

设备管理的主要任务是对系统内的设备进行管理，为用户分配设备，使设备与处理机并行工作，方便用户使用。

① 设备分配：根据用户的请求、系统现有资源的情况，以及设备分配策略，为用户分配所需的设备。为了解决高速 CPU 和低速外围设备之间的矛盾，设备管理按一定的策略管理输入输出的缓冲区；同时，为了方便独享设备实现多用户、多进程之间的共享，还提供了虚拟的设备。

② 设备传输控制：即实现物理的输入输出操作，包括启动设备、中断处理、结束处理等。

4. 文件管理功能

操作系统中文件管理的主要职责之一是如何在外存中为创建文件分配空间，为删除文件回收空间，并对空闲空间进行管理。

① 创建新文件或文件夹：在外存中为新文件或文件夹分配空间，将文件或文件夹的说明信息添加到指定的文件夹中。

② 保存文件：将内存中的程序、数据等信息以规定的文件名存储到指定外存的特定文件夹中。

③ 读出文件：将指定外存的特定文件夹中的特定文件读出到内存。

④ 删除文件：从指定外存的特定文件夹中将特定的文件删除，释放其原先占用的存储空间。

5. 用户接口

为了方便用户使用操作系统，操作系统还提供了用户接口，通常以两种方式提供给用户使用。

① 命令接口：提供一组命令给用户直接或间接控制自己的作业。

② 程序接口：提供一组系统调用供用户程序或其他系统程序调用。

1.4　本章小结

本章主要介绍了操作系统的基本概念，重点介绍了操作系统的定义、地位和作用，以及操作系统的特征和功能。结合多道程序设计技术、分时技术说明了批处理操作系统、分时操作系统以及实时操作系统。

1.5　习题

1. 操作系统是对_____进行管理的软件。

A. 软件　　　　　　B. 硬件　　　　　C. 计算机资源　　　　　D. 应用程序

2. 从用户的观点看，操作系统是_____。

A. 用户与计算机之间的接口

B. 控制和管理计算机资源的软件

C. 合理地组织计算机工作流程的软件

D. 由若干层次的程序按一定的结构组成的有机体

3. 下列选项中，_____不是操作系统关心的主要问题。

A. 管理计算机裸机　　　　　　　B. 设计、提供用户程序与计算机硬件系统的界面

C. 管理计算机系统资源　　　　　D. 高级程序设计语言的编译器

4. 操作系统中，并发性是指若干事件_____发生。

A. 在同一时刻　　　　　　　　　B. 一定在不同时刻

C. 在某一时间间隔内　　　　　　D. 依次在不同时间间隔内

5. 用户和操作系统之间的接口主要分为_____和_____。

6. 操作系统的四大功能是_____、_____、_____、_____。

7. 操作系统的基本类型主要有_____、_____、_____、_____。

8. 什么是操作系统？

9. 简述并发性与并行性的区别。

第 2 章 进程管理

本章内容提要及学习目标

现代计算机系统普遍采用多道程序设计技术，在多道程序环境下，资源分配的基本单位是进程，进程是操作系统中最重要的概念。进程管理是操作系统的基本管理功能之一，进程管理的主要任务是将处理机分配给进程并协调进程之间的关系。

通过本章的学习，应掌握的知识点是：进程的概念，进程的状态及其转换，进程的控制，利用 P、V 操作实现进程的同步与互斥，进程的通信方式，线程的概念。

2.1 进程的基本概念

在早期的单道操作系统中，程序是按照顺序执行的。多道程序设计技术的出现，使得程序不再是顺序执行，而是并发执行，即一个程序的执行还没结束，另一个程序已经开始执行。为了动态地描述系统内部各道程序的活动规律，对程序的运行进行有效的管理，引入了进程的概念。

2.1.1 程序的顺序执行

1. 顺序执行的含义

程序的顺序执行指程序在执行时，必须按照某种先后次序来执行，只有当前一个操作执行完成后，才能执行后续操作。

2. 顺序执行程序的特点

（1）顺序性

程序严格按照规定的次序执行，必须在上一个操作结束后，才能开始下一个操作。

（2）封闭性

程序运行时独占系统资源，不受其他程序的影响，只有程序本身的操作才能改变程序的执行环境。

（3）可再现性

在同样的运行条件下，程序重复执行的结果相同，与程序的运行速度无关。程序顺序执行具有的顺序性、封闭性、可再现性特征使得程序的检测和错误的校正更加方便、直接。但是这种执行方式使得计算机的资源利用率很低。

2.1.2 程序的并发执行

多道程序设计技术的出现，使得程序不再顺序执行，而是并发执行。

1. 并发执行的概念

程序的并发执行是指多个程序同时在系统中运行，一个程序的执行还没结束，另一个程序就已经开始执行。即程序段的执行在时间上是交替的。

无论是操作系统自身的程序还是用户程序，总是存在一些相对独立但又能够并发执行的程序段。这些"并发程序"就构成一个"并发环境"。

例如，一个程序分为三个程序段：输入部分（I）、计算部分（C）和输出部分（O）。并发程序设计技术使得一个程序还没执行完，另一个程序已经开始执行，即各个程序段可以并发执行，如图 2-1 所示。从图中可以看出，当第一个程序的输入程序段执行完毕，执行它的计算程序段的同时，系统再次启动输入程序，执行第二个程序的输入程序段，此时，第一个程序的计算部分（C_1）和第二个程序的输入部分（I_2）并发执行。并发执行的程序段可以是两个或多个，程序的并发执行提高了计算机资源的利用率。

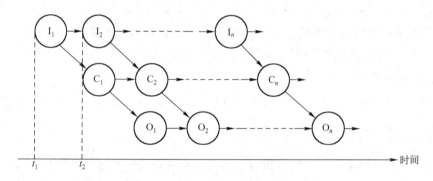

图 2-1　程序段并发执行示意图

2. 并发执行程序的特性

（1）程序执行的间断性

程序并发执行时，系统资源需要共享，程序的执行会受到其他程序的制约，即程序运行时可能由于受到某种因素的影响而暂停执行，从而导致并发执行的程序会出现运行、暂停、继续运行的执行特点。

（2）失去封闭性

由于并发执行的程序共享系统资源，系统资源的使用受到所有并发程序的影响，而不仅仅由某一个程序来决定，使程序的执行失去了封闭性。

（3）不可再现性

程序并发执行时，由于具有间断性，失去了封闭性，在同样的初始条件下，程序执行的结果可能不同，与程序的运行过程有关。

基于并发执行程序的特点，对并发执行程序的运行过程进行有效的控制，才可以避免出现错误的运行结果，使程序的执行具有可再现性，这个问题会在进程同步机制中讲解。

2.1.3　进程的描述

1. 进程的概念

进程是一个可并发执行的具有独立功能的程序关于某个数据集合的一次执行过程。一个程序在不同数据集合上运行，或者一个程序在同样数据集合上的多次运行都是不同的进程。程序是指令的有序集合，是一个静态的概念。而进程是程序在处理机上的一次执行过程，是一个动态的概念。进程是程序的一次执行，从操作系统角度可将进程分为系统进程和用户进程。

2. 进程的特性

① 动态性：进程的实质是程序的一次执行过程，进程从创建到撤销，由于受到各种因素的影响会发生状态之间的转换，进程是动态变化的。

② 独立性：进程是一个能独立运行的基本单位，同时也是系统分配资源的基本单位。

③ 并发性：进程的并发性是指进程的多个实体能在一段时间内同时运行，即不同进程的执行在时间上有重叠的部分。

④ 异步性：多个进程并发执行，由于需要共享系统资源或受到某种因素的干扰，并发执行的进程之间相互影响。从而使得进程具有执行的间断性，每个进程按照各自独立的速度向前运行。

⑤ 结构特征：进程的静态描述包括进程控制块、程序段和数据结构集合。每个进程设置了一个进程控制块，用于描述和记录进程的动态特征。

3. 进程的状态

进程是一个动态的变化过程，从建立到撤销，进程在各个状态之间转化，进程具有三种最基本的状态：就绪状态、运行状态和阻塞状态。

（1）就绪状态

如果一个进程已经做好了执行的准备，获得了除处理机以外的所需资源，等待分配处理机，此时，进程就处于就绪状态。处于就绪状态的进程可以按照优先级的高低进行排列。

（2）运行状态

就绪状态的进程一旦获得了处理机资源，就可以运行。当前正在处理机上运行的进程即处于运行状态。

（3）阻塞状态

当进程由于等待输入输出操作或申请某个条件未能得到满足时暂停执行，这种受阻暂停的状态称为阻塞状态，也称为等待状态。

在实际操作系统中，进程在执行过程中的情况变化很复杂。除了运行状态、阻塞状态和就绪状态以外，还有创建状态和终止状态分别用于描述进程创建和退出的过程。

（4）创建状态

如果进程正在创建过程中，还没有送入就绪状态时则处于创建状态。操作系统在创建状态的主要工作是分配和建立进程控制块表项、建立资源表格并分配资源等。

（5）终止状态

如果一个进程已经结束或是由于出现错误等原因导致进程被迫终止，此时释放了进程控制块以外的其他资源，并让其他进程从进程控制块中获取有关信息，但还没有撤销时的状态即为终止状态。

4. 进程状态的转换

进程从创建到撤销会因运行条件的改变而发生状态之间的转化。进程状态及其转换如图 2-2 所示。

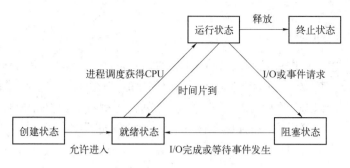

图 2-2　进程状态及其转换图

（1）创建状态→就绪状态

操作系统根据当前系统的性能和内存容量等条件来决定是否将一个进程由新建状态转换为就绪状态。如果系统条件允许，即可转换成就绪状态。

（2）就绪状态→运行状态

由于进程调度，系统选中就绪队列中的一个进程占用处理机，此时，就绪状态的进程进入运行状态。

（3）运行状态→阻塞状态

处于运行状态的进程，由于运行中出现错误或等待输入输出操作完成或等待分配资源等原因而暂时停止执行时，进程则由运行状态进入阻塞状态。

（4）运行状态→就绪状态

由于外界原因使运行状态的进程让出处理机，例如分配给进程的 CPU 时间片用完，或有更高优先级的进程来抢占处理机等情况发生时，运行状态的进程则转化为就绪状态。

（5）阻塞状态→就绪状态

阻塞状态的进程，如果等待的条件均已满足，只要分配到处理机后就能运行，进程就从阻塞状态进入就绪状态。

（6）运行状态→终止状态

当一个运行的进程正常结束或者出现其他原因被迫终止时，就进入终止状态。例如，一个运行的进程出现问题被操作系统终止，或是被其他有终止权限的进程终止时，都能够导致进程由运行状态转入终止状态。

5．进程空间的概念

任何一个进程都有自己的地址空间，这个空间称为进程空间。程序的执行都在进程空间内进行。用户程序、进程的各种控制表都按一定的结构排列在进程空间里。进程空间可分为用户空间和系统空间。

2.2　进程控制

进程控制是指对系统中的所有进程进行有效的管理。在系统中存在着多个进程，进程是动态的，系统中所有的进程从创建到撤销及进程状态之间的转换都是由进程控制实现的，系统通过使用原语来完成对进程的控制。

2.2.1 进程控制块

进程的静态描述包括进程控制块（process control block，PCB）、程序段和与该程序段相关的数据结构集合。其中，进程控制块是在进程创建时产生的，它记录了进程的状态信息和控制信息。它既能标识进程的存在，又能描述进程的动态特征，是完成进程控制的重要结构。而程序段和与该程序段相关的数据结构集合主要描述进程所要完成的功能和执行时所需要的工作区和数据等。

1. 进程控制块包含的信息

（1）进程标识信息

进程标识信息用于标识一个进程，通常分为外部标识符和内部标识符。外部标识符是由用户使用的，一般由字母、数字组成。内部标识符则是为了方便系统使用而设置的。

（2）说明信息

说明信息是有关进程状态等一些与进程调度有关的信息。例如，进程优先级、进程调度所需的其他信息等。

（3）处理机状态信息

处理机状态信息主要是由处理机的各种寄存器中的内容组成的。例如，通用寄存器、程序计数器等。处理机在运行时，许多信息都存放在寄存器中，当处理机被中断时，信息保存在 PCB 中，以便当该进程重新执行时，能从断点处继续执行。

（4）进程控制信息

进程控制信息包括：程序和数据的地址信息、进程间通信所需要的数据结构信息、进程所需资源及已经分配到该进程的资源清单等方面的信息。

2. 进程控制块的组织方式

进程控制块提供了系统控制和管理进程所需要的信息，是系统为描述进程而设计的一种数据结构。在一个系统中通常具有多个进程控制块，操作系统在内存中开辟了一个 PCB 表区，每个进程控制块是一片连续的存储单元。常用的进程控制块组织方式有链接方式和索引方式。

（1）链接方式

按链接方式组织 PCB 表时，系统把具有相同状态的 PCB，用其中的链接指针链接成队列。从而可以形成就绪队列、阻塞队列和空闲队列等。对其中的就绪队列通常按照进程优先权的大小排列，把优先权高的进程的 PCB 排在队列前面。对于阻塞进程队列，则可以根据不同的阻塞原因形成不同的阻塞队列，如图 2-3 所示。

（2）索引方式

按索引方式组织 PCB 表时，系统根据所有进程的状态，分别建立索引表。例如，就绪索引表、阻塞索引表等。通过指针变量记录各索引表的首地址。每个索引表中，记录具有相同状态的某个 PCB 在 PCB 表中的地址，如图 2-4 所示。

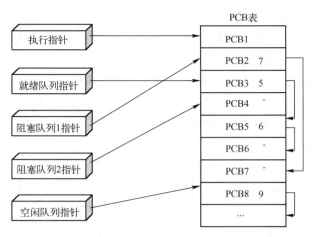

图 2-3　按链接方式组织 PCB

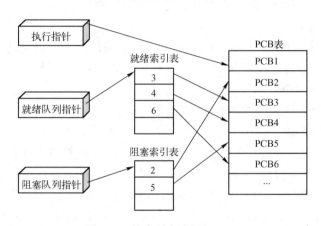

图 2-4　按索引方式组织 PCB

2.2.2　进程的创建与撤销

进程因创建而产生，随撤销而消亡，这个过程由进程控制完成。在操作系统中，通常用特定功能的程序段完成进程的创建、撤销、阻塞和唤醒。这种具有特定功能的程序段被称为原语，原语主要用于实现操作系统的一些专门的控制操作，在执行过程中不可以被中断。用于进程控制的原语主要包括：创建原语、撤销原语、阻塞原语、唤醒原语等。

1. 进程的创建

当系统为一个进程分配了工作区并建立一个进程控制块时，就建立了一个进程。

（1）进程创建的因素

① 用户登录：登录用户为合法用户时，系统就建立一个进程，并将其送入就绪队列。

② 作业调度：在批处理系统中，由于作业调度程序调度到一个作业后，就可将它装入内存，并分配必要的资源，创建进程。

③ 提供服务：运行中的用户向系统提出请求后，系统建立一个进程为用户服务。

④ 应用请求：如果一个进程请求某种服务时，可以创建子进程，使新进程以并发运行方式完成任务需求。

（2）进程的创建过程

① 申请空白的进程控制块：通过进程创建原语，为新进程分配唯一的进程标识符，并从 PCB 表中申请一个空白的进程控制块。

② 为新进程分配资源：为新创建的进程的程序和数据等分配必要的内存空间和资源。

③ 初始化进程控制块：对 PCB 中的相应信息进行初始化，如标识符信息、处理机状态信息、进程控制信息等。例如，将系统中分配的标识符等填入新 PCB 中，将进程的状态设置为就绪状态等。

利用进程创建原语，父进程可以创建子进程，子进程又可以再创建它的子进程来共同完成一项任务，子进程可继承父进程拥有的资源。

2. 进程的撤销

一个进程完成任务后或是由于各种因素导致进程异常结束时，应使用撤销原语撤销进程，并释放它所占有的资源，进程控制块也一并被系统收回。

（1）进程撤销的原因

① 正常结束：系统中有一个表示进程已经运行完成的指示，表示进程正常结束。

② 异常结束：即进程在执行过程中，由于出现错误或故障使得进程被迫终止。例如，出现非法指令错、I/O 故障等原因导致进程被迫终止。

③ 外界因素干扰：进程应外界的请求而终止运行。

（2）进程的撤销过程

通过调用撤销原语实现进程的撤销，首先，从 PCB 表中检索出撤销进程的进程控制块，读出该进程的状态。如果被撤销进程处于执行状态，应立即终止该进程的运行，并设置重新调度标志。如果该进程有子进程，应将它的所有子进程一并终止。然后，释放被撤销进程所拥有的全部资源，并撤销该进程的进程控制块。若被撤销进程处于非运行状态，则从其所在队列中删除并释放全部资源。

2.2.3　进程的阻塞与唤醒

进程具有并发性和异步性，进程在执行过程中，由于申请系统资源没有得到满足或是由于等待 I/O 操作等因素，都可以使进程进入到阻塞状态。

1. 进程的阻塞

当进程处于运行状态时，因等待某个事件的发生，使用阻塞原语将进程的状态转为等待状态。

（1）导致进程阻塞的事件

① 请求系统服务：正在执行的进程请求系统服务，但是由于各种原因，系统没有立即满足该进程的请求，进程则转化为等待状态。

② 等待操作结果：当一个进程启动一种操作后，如果该进程必须等到这种操作完成后才能继续运行，那么，进程只能进行等待。

（2）阻塞原语的操作

首先，停止该进程的执行。修改进程控制块中的相关信息，把 PCB 中的状态改为"阻塞"，并填入进程的各种状态信息。然后，将进程插入到相关事件的等待队列中；再进行重新调度，选择就绪队列中的其他进程运行。

2. 进程的唤醒

当阻塞进程等待的事件发生时（如请求系统服务得到满足、启动某种操作已经完成），则调用唤醒原语，将等待的进程唤醒。

进程唤醒的过程是：从阻塞队列中找到相应进程，修改该进程控制块的相关信息，把进程控制块中的阻塞状态改为就绪状态，将被唤醒的进程插入到就绪队列中。

进程的创建原语和撤销原语、阻塞原语和唤醒原语都是一对作用刚好相反的原语。

2.3 进程的同步与互斥

在多道系统环境中，进程间共享系统资源或为了完成某项任务需要进行合作。进程之间会因共享资源而产生竞争关系，而当进程为了完成任务需要分工合作时，又存在着合作关系。为了使共享资源得到充分利用，使并发执行的程序具有可再现性，引入了进程同步机制。

2.3.1 进程间的制约关系

由于共享资源或进程合作，进程之间产生了相互制约的关系，这些制约关系可分为两类：直接制约关系和间接制约关系。

1. 直接制约关系

直接制约关系是指为完成同一任务的各个进程之间，因需要在合作点上协调工作，相互等待消息而产生的制约关系。

例如父子做游戏，地上有一个空竹筐，一次只能放入一个球，父亲每放入一个球，孩子就要将球取出。在做游戏的过程中，父子之间就存在着直接制约关系。只有父亲放入一个球，孩子才能取出球，只有孩子将球取出，父亲才能再次放入一个球。父子必须同步才能完成"任务"。

进程同步是解决直接制约关系的方法。进程同步是指多个合作进程为了完成同一个任务，在执行速度上需要相互协调，即一个进程的执行依赖于另一个进程的信号。当一个进程到达了某一合作点而没有得到合作进程发来的"已完成操作"的信号时必须等待，直到得到信号后被唤醒，这个进程才能继续向前运行。

2. 间接制约关系

间接制约关系是指进程间因竞争使用共享资源而产生的制约关系。

在多道程序环境中，进程可以并发执行。由于各个进程共享系统资源，如果两个进程申请同一资源，一个通过系统分配得到了资源，另一个则进入等待状态。被阻塞的进程如果总是得不到资源，可能会导致死锁。

当一个进程访问某一资源时，不允许其他进程同时访问，这种限制被称为互斥。多个进程在访问某一资源时，也应该有一种执行次序上的协调。当一个进程访问完毕，另一个进程才能对它进行访问，即在任何时刻只允许有一个进程使用这个共享资源。通过进程互斥可以解决进程间对共享资源的竞争。

　　进程互斥是指并发执行的进程共享某一资源时，在任何时刻只能有一个进程使用这个共享资源，其他进程必须等待，直到该资源被释放为止。进程互斥和进程同步的区别在于，进程互斥是进程间对共享资源的竞争，只要共享资源空闲，哪个进程竞争到了使用权就先使用，直到不需要时才释放。进程同步则是由于一个进程的执行依赖于另一个进程的信号，即当进程必须同步时，即使共享资源空闲，没有得到合作进程信号的进程也不能去使用它。

2.3.2　临界资源与临界区

1. 临界资源

　　在系统中有许多硬件或软件资源，在一段时间内只允许一个进程访问或使用，这种资源被称为临界资源。

2. 临界区

　　每个进程中访问临界资源的那段程序称为临界区。

　　如果几个进程共享同一临界资源，它们必须以互斥的方式使用这个临界资源。进程互斥也可以理解为，当一个进程进入临界区使用临界资源时，另一个进程必须等待。当占用临界资源的进程退出临界区后，这个等待的进程才能进入它的临界区访问临界资源。

　　对于临界区的使用应遵守如下规则：如果临界区空闲，就允许一个进程进入临界区；当临界区内有进程执行时，其他想进入者则需等待；任何一个进入临界区的进程必须在有限的时间内退出它的临界区；如果一个进程退出了临界区，就应允许一个等待进程进入临界区。

　　【例2-1】　一个地下停车场有300个车位，为了便于管理，停车场设置了一个空余车位显示系统。当有车进入停车场时，由P1进程实现计数器减1操作（表示车位减少一个）。当有车离开时，由P2进程实现计数器加1操作。

　　分析：因为在某一时刻停车场中的车出入是随机的，所以进程P1和P2并发执行。

　　设变量cwcount用于统计当前车位数，初值为300。

　　P1和P2进程的程序段描述如下：

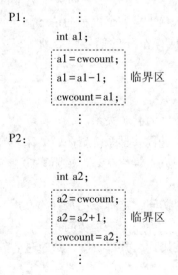

```
P1:      ⋮
    int a1;
    ┌─────────────┐
    │a1 = cwcount;│
    │a1 = a1-1;   │  临界区
    │cwcount = a1;│
    └─────────────┘
         ⋮
P2:      ⋮
    int a2;
    ┌─────────────┐
    │a2 = cwcount;│
    │a2 = a2+1;   │  临界区
    │cwcount = a2;│
    └─────────────┘
         ⋮
```

通过分析得知两个进程是并发执行的，假设某一时刻 cwcount = 100，此时，有一辆车进入停车场，有一辆车则要离开停车场。那么，进程 P1 和 P2 并发执行，由 P1 进程执行计数器减 1 操作，而 P2 进程执行计数器加 1 操作。在执行过程中，若进程 P1 和 P2 正常运行，一入一出后 cwcount 的值依然是 100，结果正确。但是，由于进程具有异步性，并发执行的进程之间相互影响，P1、P2 进程在运行时可能会发生执行顺序的改变，例如 P1 进程执行完 a1 = cwcount 语句后由于某种原因被中断，P2 进程被调用执行，P2 进程运行结束后，P1 进程又被恢复执行，最终运行的结果是 cwcount = 99，虽然 P1 和 P2 分别对 cwcount 进行了减 1 和加 1 的操作，但最终输出的结果是错误的。这是由于 P1 和 P2 使用了一个共享变量 cwcount，对于 cwcount 操作的两个并发进程执行时出现了与时间有关的错误。可以把例子中的 cwcount 看作是临界资源，P1 和 P2 访问它的那段程序即为各自的临界区。并发进程 P1 和 P2 必须互斥地访问临界资源才能输出正确的结果。

临界区概念的引入，可以将进程互斥描述为两个及两个以上进程不能同时进入访问同一临界资源的临界区。互斥地进入临界区可以采用加锁方式、信号量机制和管程机制。

加锁方式是通过加锁原语 lock(w) 和解锁原语 unlock(w) 来实现进程互斥。加锁方式使用一个锁变量 w 来表示某种临界资源的状态，w = 0 表示资源空闲可用；w = 1 表示资源正在使用。当一个进程要进入临界区时应先测试 w 的值，若 w = 0，则允许进入临界区访问临界资源，否则就需要反复测试 w 的值，直到解锁为止。

用加锁方式实现临界区互斥非常简单，但处理机效率不高。为此，又引入了信号量机制和管程机制。

2.3.3　信号量机制

信号量机制是计算机图灵奖获得者荷兰著名科学家 E. W. Dijkstra 于 1965 年提出的，它是一种解决进程同步与互斥的方法，已被广泛应用于现代计算机系统中。

1. 信号量的概念

信号量（semaphore）是一种特殊变量，它用来表示系统中相应资源的使用情况。信号量按用途可分为公用信号量和私用信号量。公用信号量也称为互斥信号量，是为一组需要互斥使用临界资源的并发进程而设置的，主要用于实现进程的互斥，初值常为 1。私用信号量则是为一组需要同步协作完成任务的并发进程而设置的，一般用于进程的同步。

2. 信号量的操作

信号量为一整型变量，它只能由 P 操作原语和 V 操作原语所访问。P、V 操作是由系统提供的可供外部调用的原语。设 S 是一个信号量，P、V 操作是定义在信号量 S 上的两个操作，P(S) 和 V(S) 原语定义如下：

（1）P(S) 的定义

当一个进程对信号量 S 执行 P 操作，应执行如下动作：

① 将信号量 S 的值减 1（表示使用了一个资源）；

② 若 S≥0，则调用 P(S) 的进程继续运行；

③ 若 S<0，则调用 P(S) 的进程被阻塞，并把它送入到与信号量 S 有关的等待队列中，直到被移出。

（2）V(S) 的定义

当一个进程对信号量 S 执行 V 操作，应执行如下动作：

① 将信号量 S 的值加 1；

② 若 S>0，则调用 V(S) 的进程继续运行；

③ 若 S≤0，则从与信号量 S 相关的等待队列中移出一个进程并加入到就绪队列中。然后，调用 V(S) 的进程继续运行。

信号量 S 的取值表示某类资源的数量，P-V 操作对信号量访问的意义是：当信号量 S>0 时，S 的数值表示实际还可以使用的资源数，执行 P 操作表示要申请分配一个资源；当 S≤0 时，表示无资源可用，此时 S 的绝对值表示信号量 S 的等待队列中的进程数量。执行 V 操作意味着释放一个资源。

2.3.4 用 P、V 操作实现进程的同步与互斥

在操作系统中，信号量是控制进程同步和互斥的变量。利用信号量和 P、V 操作可以解决并发进程的竞争与合作的问题，实现进程的同步与互斥。

1. 用 P、V 操作实现进程的互斥

利用信号量和 P、V 操作可以解决一组进程对临界资源的互斥访问，为了使多个进程能互斥地访问某个临界资源，可以为该资源设置一个互斥信号量 mutex，每个进程在进入临界区前必须申请资源，即对互斥信号量 mutex 执行 P 操作，在退出临界区后必须释放资源，即对互斥信号量 mutex 执行 V 操作。把各进程的临界区放在 P(mutex) 和 V(mutex) 操作之间，这样，就可以使多个进程互斥地进入临界区访问临界资源。

在例 2-1 中，并发进程 P1、P2 在执行时，由于同时访问临界资源出现了错误的运行结果，下面使用信号量和 P、V 操作来实现 P1 进程和 P2 进程互斥地进入临界区访问临界资源。

过程描述如下：

设互斥信号量 mutex 的初值为 1，表示没有进程进入临界区。

```
semaphore mutex = 1;
P1:          …
             P(mutex);
             a1 = cwcount;
             a1 = a1-1;        临界区
             cwcount = a1;
             V(mutex);
             …
P2:          …
             P(mutex);
             a2 = cwcount;
             a2 = a2+1;        临界区
             cwcount = a2;
             V(mutex);
             …
```

进程执行过程中，cwcount 即为临界资源。P1 进程进入临界区前，先执行 P(mutex) 操作，互斥信号量 mutex 的初值为 1，执行 P 操作后，mutex 的值减 1，此时，mutex＝0，表示临界资源空闲可用，P1 进程随即进入临界区访问临界资源。如果 P2 进程此时要求进入临界区访问临界资源，则要先执行 P 操作，mutex 的值减 1 后，mutex＝-1，信号量的值已经小于零，表示临界资源已被占用，P2 进程不能进入它的临界区访问临界资源。P2 进程被送入等待队列排队等候，直到 P1 进程完成对临界区的访问，执行 V(mutex)，释放临界资源后被唤醒，P2 进程才能进入临界区进行操作。

这样，利用信号量机制就能实现进程的互斥。互斥信号量是根据临界资源的类型设置的，它代表该类临界资源是否可用，其初值一般为"1"，在每个进程中用于实现互斥的 P、V 操作必须成对出现。

【例 2-2】　有一个小超市，可容纳 30 人同时购物。如果超市内不足 30 人，则允许购物者进入超市购物，超过 30 人时则需要在外等候。出口处只有一位收银员，购物者结账后就离开超市。用信号量和 P、V 操作描述购物者的过程。

分析：因出口处只有一位收银员，购物者之间存在着互斥关系。设信号量 s 的初值为30，表示最多允许有 30 个人同时进入超市，设互斥信号量 mutex 的初值为 1，表示同时只能有一个购物者结账。

每个购物者的进程描述如下：

```
semaphore s＝30;
semaphore mutex＝1;
void mar( )              /＊购物者进程＊/
{
    while(true)
    {
     P(s);
     进入超市购物;
     P(mutex);
     到出口处结账;
     V(mutex);
     离开超市;
     V(s);
    }
}
```

2. 用 P、V 操作实现进程的同步

用 P、V 操作同样可以解决进程间的合作问题，实现进程的同步。为了实现进程的同步，常常需要设置一些私用信号量，即同步信号量。在通常情况下，同步信号量的数量和参与同步的进程种类有关，即同步关系涉及几类进程，就设置几个同步信号量。同步信号量表示这个进程是否可以开始或这个进程是否已经结束。

【例 2-3】　利用信号量机制实现父子游戏中父亲和孩子之间的同步。

分析：通过游戏规则可以看出，父子之间存在同步关系。只有父亲放入一个球，孩子才

能取出球，只有孩子取出球后，父亲才能再次放入一个球。设私用信号量 em 用于表示竹筐是否为空。初值设置为 1，表示可以放入一个球。设私用信号量 ball 表示竹筐中是否有球，初值为 0。

父子进程的同步过程描述如下：

```
semaphore em = 1, ball = 0;
void father( )                     /*父亲进程*/
{
    while( true )
    {
      P( em );
      将一个球放入竹筐；
      V( ball );
    }
}
void child( )                      /*孩子进程*/
{
    while( true )
    {
      P( ball );
      从竹筐里取出球；
      V( em );
    }
}
```

【例 2-4】 有三个进程 A、B、C 共享一个缓冲区，假设缓冲区内每次只能存放一个数据，A 进程向缓冲区中送入数据，B、C 进程分别从缓冲区中取出同一数据，A 进程必须等 B、C 进程都取过这个数以后，才能再送下一个数据。试用 P、V 操作描述三个进程的工作过程。

分析：设置私用信号量 sb、sc，用于控制 A 进程和 B、C 进程间的同步关系。设信号量 s 表示缓冲区的个数，初值为 1。设置 count 变量，用于统计已取过数据的进程数。确保 B、C 进程都取过数据以后，A 进程才送下一个数据。另设互斥信号量 mutex，用来控制 B、C 进程互斥地访问共享变量 count。

三个进程的工作过程描述如下：

```
semaphore s = 1, sb = 0, sc = 0;
semaphore mutex = 1;
int count = 0;
void A( )                          /*发送进程 A*/
{
    do{
        P( s );
        发送数据到缓冲区；
```

```
            P(mutex);
            count = 0;                    /*每轮送数,count 应先清零*/
            V(mutex);
            V(sb);
            V(sc);
        }while(1);
    }
    void B()                              /*接收进程 B*/
    {
        do{
            P(sb);
            从缓冲区取出数据;
            P(mutex);
            count = count+1;
            If (count == 2) V(s);         /*如果两个进程都已取过数据,唤醒 A 进程再次送数*/
            V(mutex);
        }while(1);
    }
    void C()                              /*接收进程 C*/
    {
        do{
            P(sc);
            从缓冲区取出数据;
            P(mutex);
            count = count+1;
            If (count == 2) V(s);
            V(mutex);
        }while(1);
    }
```

通过上面的例子可以看出,在实现进程同步时,用于实现同步的 P、V 操作也要成对出现,但它们可以分别出现在不同的进程中。在一个进程中如果既有用于互斥信号量上的 P 操作,又有用于同步信号量上的 P 操作,一定要注意它们的执行次序,一般情况下,先执行对同步信号量的 P 操作,再执行对互斥信号量的 P 操作,而对于 V 操作的顺序则没有严格要求。

2.3.5　经典的同步与互斥问题

经典的进程同步与互斥问题是从进程的并发执行过程中归纳的典型例子,主要有生产者-消费者问题、读者-写者问题、哲学家进餐问题等。

1. 生产者-消费者问题

生产者-消费者问题是用来解决一组生产者和消费者之间的进程同步和互斥问题。

问题描述:有一组生产者进程在生产产品,将这些产品送给消费者进程去消费。为使生产者进程和消费者进程能并发执行，设置了一个具有 n 个缓冲块的缓冲区，每个缓冲块存放一个产品。生产者进程不断地向缓冲区中送入产品，而消费者进程不断地从缓冲区中取出产品，如图 2-5 所示。

有n个缓冲块的共享缓冲区

一组生产者生产产品　　　　　　　　　　　　　　一组消费者消费产品

图 2-5　生产者–消费者问题示意图

规定：消费者进程不能到一个空的缓冲区去取产品，生产者进程不能向一个已经满的缓冲区中送入产品，生产者–消费者必须要互斥地访问缓冲区。

分析：这里不妨将产品看成是数据，生产者进程不断地向缓冲区中写入数据，而消费者进程则从缓冲区中读出数据。由于缓冲区是临界资源，生产者、消费者必须要互斥地使用缓冲区。

下面用信号量机制来描述这一问题：

设互斥信号量 mutex 的初值为 1，用于互斥访问缓冲区。

生产者私用信号量 empty 的初值为 n，用于同步控制，empty 值表示空缓冲块数。

消费者私用信号量 full 的初值为 0，用于同步控制，full 值表示"非空"缓冲块数，即已有数据的缓冲块数目。生产者–消费者进程描述如下：

```
semaphore mutex = 1;
semaphore empty = n;
semaphore full = 0;
void prod (int i) (i = 1,2,…,m) /* i:生产者进程编号 */
{
  while(true)
  {
    生产产品(数据)
    P(empty);
    P(mutex);
    将数据送到缓冲区中某一单元;
    V(mutex);
    V(full);
  }
}
void cons (int j) (j = 1,2,…,n) /* j:消费者进程编号 */
{
  while(true)
  {
    P(full);
    P(mutex);
```

```
        从缓冲区某个单元中读取数据;
        V(mutex);
        V(empty);
        消费产品(取出数据);
      }
  }
```

2. 读者-写者问题

问题描述：多个进程共享一个数据对象，其中有些进程要求读共享数据对象（称为"读者"），而另一些进程则要求修改共享数据对象的内容（称为"写者"）。规定多个读者可同时对共享对象执行读操作，但不允许一个写者与读者或其他写者同时访问共享对象，即某一时刻只能有一个写者进程执行操作，在完成"任务"之前，其他读者、写者进程均不能进行操作。

分析：多个读者可以同时对共享数据执行读操作，而一个写者进程必须与其他进程互斥地访问共享数据对象。为实现操作功能，可以设置下列信号量。

wmutex：写互斥信号量，初值为 1，用于使一个写者进程与其他进程互斥地访问共享数据对象。

rcount：整型变量，初值为 0，用于统计正在读共享数据对象的读者进程数。

rmutex：读互斥信号量，初值为 1，对于所有读者进程来说，rcount 是共享变量，设置 rmutex 用来使读者进程互斥地访问共享变量 rcount。

读者-写者问题描述如下：

```
    semaphore rmutex=1;
    semaphore wmutex=1;
    int rcount=0;
    void reader (int i) (i=1,2,…,m)              /*读者进程*/
    {
      while(true)
      {
        P(rmutex);
        if (rcount==0) P(wmutex);                 /*第一个读者操作时,阻止写进程写*/
        rcount=rcount+1;
        V(rmutex);
        read;                                     /*执行读操作*/
        P(rmutex);
        rcount=rcount-1;
        if (rcount==0) V(wmutex);                 /*最后一位读者读完数据,允许写进程写*/
        V(rmutex);
      }
    }
    void writer (int j) (j=1,2,…,n)              /*写者进程*/
    {
```

```
while( true)
{
    P( wmutex) ;
    write;                                    / * 执行写操作 * /
    V( wmutex) ;
}
}
```

在上面的算法描述中，采用的是读者优先的策略，即当读者进行读操作时，后续的写者必须等待，直到所有的读者都离开后，写者才能进入。对于读者-写者的问题，还有写者优先和公平策略。这些策略也可以用信号量和 P、V 操作来实现。

2.3.6　管程的概念

使用信号量机制能够较好地处理进程同步的问题，但是，信号量的许多同步操作分散在各个进程中，如果设置不当，可能会导致系统死锁。在进行信号量设置时，初值的确定，以及 P、V 操作的位置安排都必须正确，否则会造成与时间有关的错误，甚至导致系统死锁。例如，生产者-消费者问题中将 P、V 操作顺序颠倒可能导致系统死锁。

为了解决这类问题，引入了管程的概念。管程是实现进程同步的另一个有效工具。

1. 管程的定义及组成

一个管程定义了一个数据结构和能为并发进程在该数据结构上所执行的一组操作，这组操作能同步进程和改变管程中的数据。

管程由 4 部分组成，即唯一的管程标识符、局部于管程的共享变量说明、对该数据结构进行操作的一组过程、对局部于管程内部的共享数据初始化的语句。

2. 管程的特征

① 管程内部的局部数据结构，只能被管程内定义的过程所访问，任何管程之外的过程都不能直接访问它。所有进程要访问临界资源时，都必须经过管程才能进入。

② 一个进程只有通过调用管程内的过程，才能进入管程访问共享数据。

③ 每次只允许一个进程在管程内执行，其余调用者则需等待，直到该进程释放使用权，管程可用为止，从而通过管程实现了进程的互斥。

管程通常是用于管理资源的，因此管程中有进程等待队列及相应的等待和唤醒操作。一个进程进入管程之前要先申请，离开时需要释放使用权。

利用管程实现同步时，应设置条件变量和在该变量上进行操作的两个相关原语 wait 和 signal。例如，引入条件变量 R，sait(R)操作原语的含义是进程请求服务未得到满足时，进程被阻塞，被安排到 R 的等待队列上；signal(R)操作原语的含义是先唤醒执行 wait(R)被阻塞的进程，如果遇到特殊情况则由调度算法决定哪一个进程执行。

管程的设置可以实现进程同步，协调进程的相互关系。当一个进程通过管程请求访问共享数据而没有得到满足时，则调用 wait 原语在相关的条件变量上等待，当另一进程访问完共享数据且释放使用权后，这时调用 signal 原语，唤醒在相关条件变量上等待的首进程。管程的引入可以使进程之间更好地使用共享资源。

2.4　线程

2.4.1　线程的概念

为了实现程序之间的并发执行，在操作系统中引入了进程的概念。进程的出现提高了系统资源的利用率，进程从创建到撤销会发生状态之间的变化。进程切换时，由于需要保留当前进程的运行状态并要转换为新进程的地址空间，还要为其设置运行环境等，这一过程需要占用较多的处理机时间。这是因为进程是进行系统资源分配、调度和管理的基本单位。在创建、撤销和切换过程中，系统必须为之付出较大的时空开销。因此，系统中设置的进程数不宜过多，进程切换的频率也应有所限制，从而也就限制了系统的并发程度。

为了减少程序并发执行所付出的时间和空间开销，使系统具有更好的并发性，在操作系统中引入了线程的概念。

1. 线程的基本概念

线程是进程中的一个可执行实体，是被系统独立调度和执行的基本单位。在引入线程的操作系统中，线程是进程中的一个指令执行流。线程拥有的资源很少，只有一些在运行中必不可少的资源，例如程序计数器、寄存器等，但它可与同属一个进程的其他线程共享进程所拥有的全部资源。一个线程可以创建和撤销另一个线程，同一进程中的多个线程之间可以并发执行。

2. 线程的状态

线程具有从建立到终止的变化过程，线程也有各种状态以及状态之间的转化。线程主要状态包括运行状态、就绪状态和阻塞状态。正在运行的线程占有处理机资源，就绪状态的线程可被调度执行，阻塞的线程则要等待事件的发生，条件允许后才能解除阻塞。与线程状态转换有关的线程控制的原语主要包括创建原语、撤销原语、阻塞原语和解除阻塞原语。

3. 线程的描述

线程是进程内的一个相对独立的可执行单元。在引入线程的操作系统中，用一个类似于进程控制块 PCB 的数据结构——线程控制块（TCB）来记录有关线程的存在，控制和管理线程。当创建一个线程时，便为其分配一个线程控制块。线程控制块中主要包含线程标识符、程序计数器、寄存器组、堆栈等信息。

2.4.2　线程的种类与实现

线程的实现方法主要有内核级线程和用户级线程。

1. 内核

内核是操作系统最基本的部分，它是为应用程序提供对计算机硬件的安全访问的一部分软件。在操作系统中经常将一些与硬件紧密相关并且运行频率高的模块放在内核中并使其常驻内存。

2. 用户级线程

用户级线程是由一个在进程的用户空间中运行的线程库创建和管理的。线程库是一个用于用户级线程管理的实用程序包，主要用于调度线程的执行、在线程间传递信息等。内核并不知道用户级线程的存在。用户级线程在线程切换时，不需要操作系统的模式转换，因此，用户级线程的切换速度较快。但是进程中的一个线程被阻塞，将会影响整个进程。

例如用户程序若建立一个支持线程的运行环境，通常需要由操作系统或某种语言为用户提供一个基于多线程的用户应用程序开发环境和运行环境，即线程库。线程库能够支持所有用户线程的创建、调度和管理工作。首先，操作系统为进入系统的程序创建一个由内核管理的进程，当该进程在线程库的环境下开始运行时，只有一个初始线程。当这个初始线程执行后，它就可以调用线程库中的创建函数来生成新的线程。线程库则按照一定的调度算法选择就绪线程执行。

3. 内核级线程

内核级线程的创建、撤销和切换都是由内核实现的。在内核空间内为每一个内核支持线程设置一个线程控制块，内核根据线程控制块记录线程的存在并对线程进行控制。内核级线程的调度和切换与进程类似，调度算法采用时间轮转法和优先权算法等。同一个进程中的多个线程可以在多个处理机上执行，假如一个内核级线程由于 I/O 操作而阻塞，也不会影响其它线程的运行。但是，内核级线程的线程调度和管理在内核实现，线程的切换需要操作系统模式的转换，因此内核级线程的切换速度较慢。

2.4.3　线程与进程的比较

（1）调度

在未引入线程的操作系统中，拥有资源的基本单位和独立调度、分派的基本单位都是进程。在引入线程后，把线程作为调度和分派的基本单位，而进程则变为资源拥有的基本单位，从而可以提高系统的并发程度。一个进程可以有一个或多个线程，而一个线程只能在一个进程的地址空间内活动。

（2）并发性

我们知道进程具有并发性。在引入线程的系统中，进程之间可以并发执行，在一个进程中的多个线程之间也可以并发执行，从而有效地提高了系统资源的利用率。

（3）拥有资源

无论是传统的操作系统，还是引入线程的操作系统，进程都是资源的拥有者，是系统中拥有资源的一个基本单位。线程只拥有一些必不可少的资源，但它可以访问其隶属进程的资源。同一个进程中的多个线程共享该进程拥有的资源。

（4）系统开销

进程创建或撤销时，系统都要为其创建和回收进程控制块，分配或回收资源，系统为此需要付出比较大的时空开销。而线程只拥有少量的资源，线程创建和撤销时的时空开销比进程要小。在进程切换时，涉及当前进程运行状态的保存以及新进程运行环境的设置，而线程的切换只需要保存和设置少量寄存器内容。所以从切换角度来讲，进程切换时的开销高于线程切换时的开销。

2.5　Windows 进程管理

2.5.1　Windows 进程和线程

若要提高计算机系统的效率，就要增强计算机系统内各功能部件的并发操作能力。进程概念的引入使得程序结构适应了并发处理的需要。在提供多任务并行环境的计算机系统中，应用程序和系统程序都要对每一个任务创建相应的进程。

1. Windows 进程

在 Windows 中，进程是系统资源分配的基本单位。每个进程都设有私有的地址空间，由数据、代码和可运用的系统资源等组成。

Windows 进程是作为对象来实现和管理的，每个进程都包含许多属性。例如，进程的安全访问标志、基本优先级、执行时间，以及进程的创建和终止服务等信息。一个进程在收到消息后执行相应的服务。

2. Windows 线程

进程是系统资源分配的基本单位，Windows 线程则是处理器调度的基本单位。多进程、多线程是 Windows 操作系统的一个基本特征。一个可执行的进程可能含有一个或多个线程，这些线程共享进程内的资源。一个 Windows 进程至少包含一个执行线程，一个线程可以创建和撤销另一个线程，同一个进程里的多个线程间可以并发执行。Windows 支持进程间的并发性，同一个进程中的多个线程之间可以通过公共地址空间传递信息。

2.5.2　Windows 任务管理器

在 Windows 环境中，一个程序的运行都会增加一个或是多个进程。我们可以通过 Windows 的任务管理器来查看进程信息。任务管理器是 Windows 自带的一个实用工具，Windows 操作系统通过任务管理器可以实时监控系统中正在运行的应用程序和后台运行的系统服务。通过任务管理器可以查看内存、CPU 使用率、进程、线程数等系统资源的使用情况，还可以对正在运行的程序、进程和服务进行管理。

1. 启动任务管理器

在任务栏中单击空白处，在弹出的菜单中选择【任务管理器】命令。随后打开【任务管理器】窗口，如图 2-6 所示。

2. 在任务管理器中运行和管理程序

在打开的【任务管理器】窗口中，单击【文件】菜单，选择【运行新任务】选项，输入程序的可执行文件的名称和路径，单击【确定】后即可运行指定程序。使用【任务管理器】还可以打开正在运行的程序或进程所在的文件夹，并能够定位程序的可执行文件，如图 2-7 所示。

3. 应用任务管理器结束进程

在程序运行过程中，当程序占用系统资源过多而影响系统的正常运行，或者由于程序自身原因或系统的原因导致程序出现无响应情况，而通过常规方法无法关闭程序或进程时，可以使用【任务管理器】的【结束任务】命令强制结束相应程序。

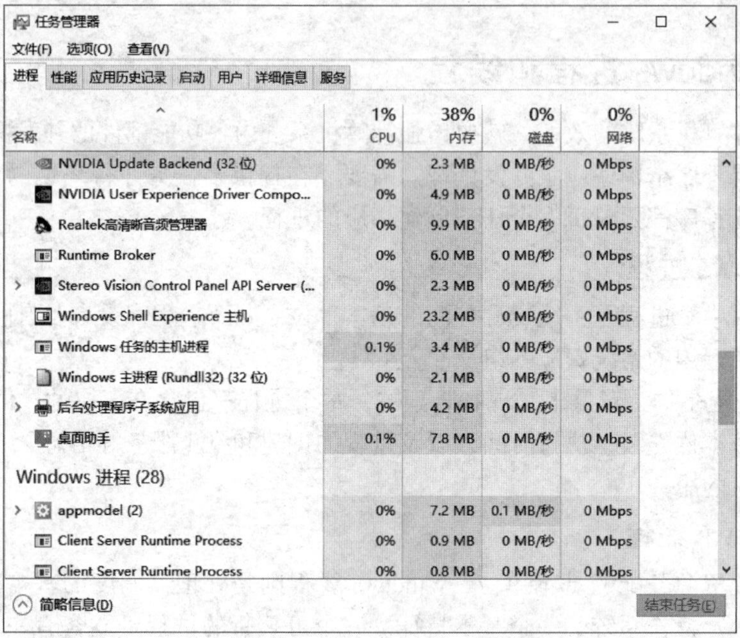

图 2-6　【任务管理器】窗口

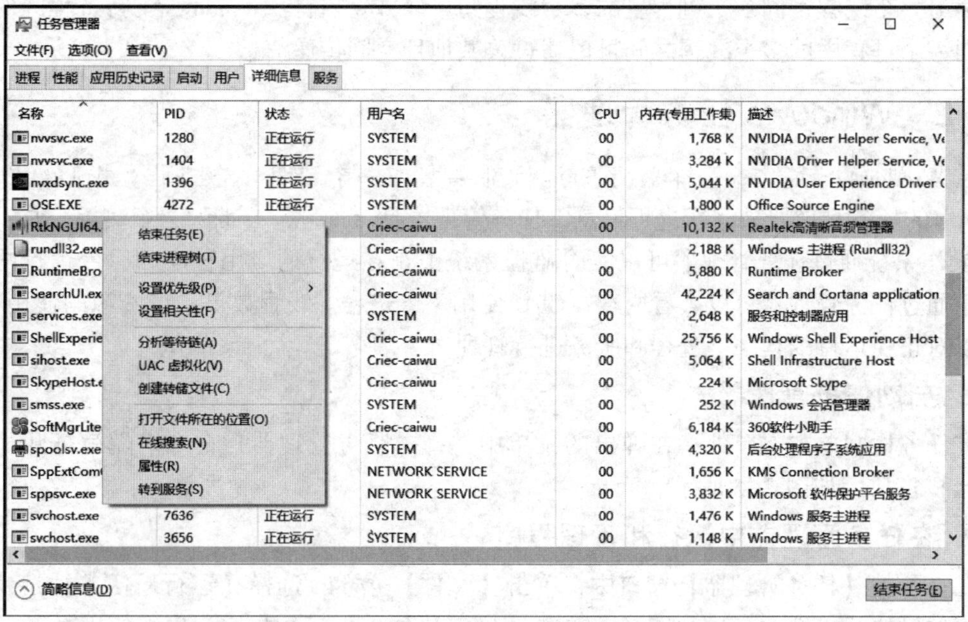

图 2-7　文件定位

4. Windows 常见系统进程简介

（1）explorer. exe

描述：Windows 资源管理器，explorer. exe 是系统进程，它用于管理 Windows 图形壳，包括开始菜单、任务栏、桌面和文件管理，删除该程序将导致 Windows 图形界面无法使用。

（2）System Idle Process

描述：Windows 内存处理系统进程或系统空闲进程。该进程为系统关键进程，不可以在任务管理器中终止，用于占用处理器空闲资源。在任务管理器中其 CPU 占用率可以理解为当前 CPU 空闲率。

（3）csrss. exe

描述：该进程是微软客户，服务器运行子系统。该进程主要是控制图形子系统，管理 Windows 图形相关任务，对系统的正常运行非常重要。

（4）winlogon. exe

描述：Windows 登录应用程序，该进程为系统核心进程，用于处理用户登录和退出系统过程。

（5）services. exe

描述：服务和控制器应用程序，该进程包含许多系统服务，是 Windows 操作系统的一部分，用于管理启动和停止服务，也会处理在计算机启动和关机时运行的服务。

（6）lsass. exe

描述：lsass. exe 是一个关于 Windows 系统安全机制的系统进程，该进程为系统关键进程，用于本地安全身份验证，负责验证系统用户身份以登录系统。

（7）spoolsv. exe

描述：后台处理程序子系统应用程序，用于管理所有本地和网络打印队列及控制所有打印工作。如果停止服务，本地计算机上的打印将不可用。通常情况下会随着系统启动而启动。

（8）taskmgr. exe

描述：Windows 任务管理器，它显示系统中正在运行的进程。taskmgr. exe 是一个重要的系统进程，在打开任务管理器时启动，主要用于了解资源状况，管理其他程序。

（9）svchost. exe

描述：Windows 服务主进程，svchost. exe 是系统进程。它是和运行动态链接库（DLL）的 Windows 系统服务相关的进程。svchost. exe 是一类通用的进程名称，该程序对系统的正常运行非常重要。

2.6 进程通信

在多道程序设计系统中，并发进程在运行中可能要共享一些资源或合作完成任务，为了安全地使用共享资源，并协调地完成任务，它们之间必须保持联系。通过信号量机制实现了进程同步，在进程同步过程中，进程间实现了信号的传递。实际上，进程之间经常需要交换大量数据，这就要通过进程通信来完成数据的传递。

2.6.1 进程通信的概念

进程通信就是指在进程之间传输数据，进行信息交换。我们把并发进程之间的信息交换称为进程通信。进程通信根据交换信息量的多少和效率的高低可以分为低级通信和高级通信。在进程通信中，把交换信息量少的通信方式称为低级通信，低级通信主要用于进程之间的互斥等控制信息的通信；高级通信主要用于进程间数据块数据的共享和信息交换，用于进程间大量数据的传递。基本的高级通信方式有共享存储器系统、管道通信和消息传递系统。

2.6.2　共享存储器系统

在共享存储器系统中，相互通信的进程共享某些数据结构或共享存储区，进程之间通过对共享存储区进行读数据或写数据进行通信，如图2-8所示。

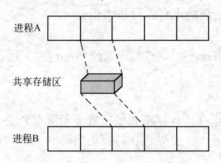

图2-8　共享存储器通信示意图

当使用共享数据结构通信时，通信进程利用某个专门的数据结构存放需要交换的数据，相互通信的进程通过共享某些数据结构即可实现信息交换。在共享存储器系统中，进程间可以通过共享存储区进行通信。共享存储区是在存储器中划出一块共享空间，进程间可以通过对共享存储区的访问来进行通信。进程在通信之前，先向系统申请共享存储区中的一个分区，把获得的共享存储区的分区连接到自己的地址空间上。之后，进程就可以像读/写普通存储器一样，读/写共享存储区中的数据，实现进程之间的通信。

2.6.3　管道通信

管道通信是一种重要的通信方式，首先出现在UNIX操作系统中。由于管道通信的有效性，一些系统相继引入了管道技术。

1.　管道通信的概念

当发送进程和接收进程之间利用一个"管道"进行信息交换时，就被称为管道通信。所谓管道，就是连接在两个进程之间的一个打开的共享文件，专门用于在进程之间进行数据通信。

管道通信的基础是文件系统。发送进程可以从管道一端写入数据，接收进程从管道的另一端读出数据。管道是单向的，管道通信是以先进先出为原则的，如图2-9所示。

图2-9　管道通信示意图

对管道文件进行读/写操作时，发送进程和接收进程需要实施正确的同步和互斥，以确保通信的正确性。

2. 管道通信的规则

为了使发送进程和接收进程之间正常通信，管道通信必须遵守如下规则。

① 互斥：当一个进程正在使用一个管道进行读或写操作时，另一个进程必须等待。

② 同步：发送进程和接收进程之间必须做到同步，即发送进程向管道写入数据，接收进程从管道读出数据。当管道空时，接收进程将被阻塞；而当管道满时，发送进程将被阻塞，直到条件满足解除阻塞。

③ 确定对方存在：发送进程和接收进程只有确定对方已存在时，才能进行管道通信，否则会造成因对方不存在而无限制地等待的情况。

管道通信方式能够在进程间传送大量的数据，是一种有效的通信机制，已在许多操作系统中得以应用。

2.6.4 消息传递系统

消息传递通信指进程间的数据交换以消息为单位，用户直接利用系统中提供的一组通信命令（原语）来进行通信。所谓消息是指一组信息，由消息头和消息体组成。

1. 消息传递系统的分类

消息传递系统根据其实现方式的不同可分为直接通信方式和间接通信方式。

（1）直接通信方式

直接通信方式是基于消息缓冲区，使用发送原语（send）和接收原语（receive）来实现进程之间的通信。

（2）间接通信方式

间接通信方式又称为信箱通信，是通过信箱进行消息传递。发送进程将消息发送到指定信箱中，而接收进程从信箱中取得消息。这种通信方式被广泛地应用于计算机网络中。

2. 直接通信方式

直接通信方式是通过消息缓冲区实现通信的。

（1）消息缓冲区的结构

每个消息缓冲区的数据结构形式如下所示：

```
{
    Name：发送者进程标识符
    Size：消息长度
    Text：消息正文
    Next：指向下一个消息缓冲区的指针
}
```

消息缓冲区是由系统统一管理的一组用于消息通信的消息缓冲存储区，内存中开辟消息缓冲区用以存放消息。每当一个进程向另一个进程发送消息时，需要申请一个消息缓冲区，并把准备发送的消息复制到缓冲区中，然后把该消息缓冲区连接到接收进程的消息队列中，接收进程将消息缓冲区中的内容读取到接收区，取出所需的信息并释放消息缓冲区。系统提供了发送原语（send）和接收原语（receive）来实现这一通信过程。

（2）发送原语

发送原语是将消息发送到接收进程存放消息的缓冲区。发送原语 send(B,a) 中的 a 表示发送区的起始地址。发送原语的处理过程是：根据发送区中所设置的消息长度来申请一个相应大小的消息缓冲区，并把发送区中的信息复制到消息缓冲区中，将复制消息后的消息缓冲区连接到接收进程的消息队列上；如果接收此消息的进程因等待消息而处于阻塞状态时，则唤醒此进程。发出发送原语的进程继续执行。

（3）接收原语

接收原语用来读取消息。接收原语 receive(b) 中的 b 是接收区的起始地址。接收进程读取消息之前，首先准备好一个存放消息的接收区。从消息队列中取下第一个消息缓冲区，将发送来的消息内容、消息长度等复制到接收区内并释放消息缓冲区。如果接收消息队列中没有消息时，接收进程将被阻塞等待，直到消息到来。

在消息传递过程中，一个进程可以给若干个进程发送消息；反之，一个进程可以接收不同进程发来的消息。可以看出，进程对于消息队列的操作是临界区。利用 P-V 操作能够实现接收消息的同步和访问消息队列的互斥。

3. 间接通信方式

间接通信方式是通过信箱进行消息传递的，信箱是一种公共的存储区，每一个信箱具有唯一的标识符，在逻辑上可以把信箱分成信箱头和信箱体两部分。

1）信箱分类

信箱分为私用信箱、公用信箱和共享信箱。

（1）私用信箱

用户进程可以为自己建立一个信箱，并作为该进程的一部分。信箱随着进程的结束而消失。

（2）公用信箱

公用信箱由操作系统创建，并提供给系统中所有允许的进程使用。可以把消息送到该信箱中，也可从此信箱中取出发给自己的消息。

（3）共享信箱

共享信箱由某个进程创建，在创建时需要指明信箱属性为共享并指出共享者的进程名。两个进程之间只有通过共享信箱才能通信，一个进程可以通过不同的信箱分别与多个进程进行通信。

2）信箱通信

当一个进程希望与另一个进程通信时，就创建一个连接两个进程的信箱，发送进程把信件投入信箱，而接收进程可以在任何时刻取走信件。

信箱实际上是一个数据结构，信箱头主要包含信箱的容量大小、信箱格式、存放信件位置的指针等信息；信箱体包含若干个格子，每格存放一个信件，如图 2-10 所示。

为了实现信箱通信，必须有相应的原语来支持，例如创建信箱原语、撤销信箱原语、发送信件原语和接收信件原语等。

（1）信箱的创建原语和撤销原语

进程利用创建信箱原语建立一个新的信箱，并给出信箱名称及信箱属性。对于共享信箱，应给出共享对象的名称。当进程不需要该信箱时，可用撤销信箱原语来取消它。

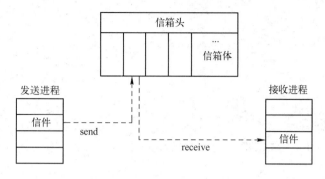

图 2-10　信箱通信示意图

（2）消息的发送和接收

当进程之间通过共享信箱进行通信时，需要利用系统提供的通信原语来实现。

① 发送原语 send(M,message)：将一个消息发送到信箱 M。

② 接收原语 receive(M,message)：从信箱 M 中接收一个消息。

信箱通信时，为了避免信件丢失和错误地发出信件，应遵循如下的规则：

① 如果发送信件时信箱已满，那么发送进程应被置成等待信箱状态，直到信箱有空时才被释放；

② 如果接收进程取信时信箱中无信，则接收进程应被置成等待信件状态，直到有信件时才被释放。

【例 2-5】　在信箱通信中，用 P、V 原语实现进程间的通信。

分析：在信箱通信中，发送进程发送消息时，信箱中至少需要有一个空格能存放消息。而接收进程接收消息时，信箱中至少要有一个消息存在。显然信箱通信需要某种同步机制。

设 fs 为发送进程的私用信号量，初值为 n，表示信箱空格数为 n；js 为接收进程的私用信号量，初值为 0；互斥信号量 mutex 的初值为 1，用于互斥访问共享信箱。

用 P、V 操作描述信箱通信的过程如下：

```
semaphore mutex = 1;
semaphore fs = n;
semaphore js = 0;
void sen( )                    /*发送进程*/
{
  while(true)
  {
    P(fs);
    P(mutex);
    选择一个空信格 z;
    将消息送入信格 z 中并置该信格标志为满;
    V(mutex);
    V(js);
  }
}
```

```
void rec( )                    /* 接收进程 */
{
  while(true)
  {
    P(js);
    P(mutex);
    选择信格 z;
    从信格 z 中取出消息并置该信格的标志为空;
    V(mutex);
    V(fs);
  }
}
```

间接通信方式不仅实现了进程之间的通信，而且在消息的使用上具有较大的灵活性。

2.6.5　Windows 进程通信

进程间的通信主要用于实现不同进程之间的信息交换与数据共享，多进程是 Windows 操作系统的基本特征，利用操作系统提供的应用编程接口可以实现应用程序之间的数据共享和交换。

在 Windows 中，进程之间的通信方法有多种类型，主要通信方式有：共享内存通信、管道通信、邮件槽通信、剪贴板通信、动态数据交换通信及套接字通信等。

下面介绍几种 Windows 中的进程通信方式。

1. 共享内存通信

在 Windows 中，共享内存通信有多种方式，可以应用内存文件映射的方式，也可以用动态链接库共享变量的方式。内存映射文件是由一个文件到一块内存的映射，基于文件映射的共享内存通信方式是将物理存储空间的一块被两个或多个进程所共享，进程通过将这个共享内存映射到自己的地址空间，这样，不同的进程就可以对文件进行读写操作，实现进程间的数据共享。

2. 管道通信

管道是一种具有两个端点的通信通道，管道可以是单向的，也可以是双向的，单向管道就是一端只能读而另一端只可以写，双向管道则是管道两端既可用于读，也能用于写。但是在同一时间只能有一端读、一端写。

Windows 中管道通信有匿名管道和命名管道两种方式。

匿名管道适用于父子进程之间的通信，管道能够把信息从一个进程的地址空间传递到另一个进程的地址空间。匿名管道不能用于两个不相关的进程。

命名管道是服务器进程和一个或多个客户进程之间通信的通道，命名管道建立时有指定的名字和访问权限的限制，任何进程可以通过该名字在给定的权限范围内和服务器进程通信。

3. 动态数据交换通信

动态数据交换通信方式是使用共享内存，在应用程序间进行数据交换的一种进程通信方式。应用程序之间可以使用动态数据交换一次性传输数据，如果出现新数据时，也可以发送更新值在程序之间动态交换数据。

4. 剪贴板通信

剪贴板是 Windows 内置的常用工具，通过剪贴板可以在应用程序间传递信息。剪贴板是 Windows 系统一段连续的内存空间，用来临时存放交换信息，空间大小可以随着存放信息的多少而变化。当执行复制或剪切操作时，应用程序将数据存放在剪贴板上，其他程序根据需要从剪贴板收取数据。这样，通过剪贴板就为 Windows 中不同的应用程序间进行数据共享提供了一种有效的传递方法。

5. 套接字通信

套接字通信是一种网络通信机制，通过网络可以在不同计算机上的进程之间进行双向通信。套接字是网络通信过程中端点的一种抽象表示，它包含通信双方所需要的信息：连接使用的协议、IP 地址及协议端口。套接字通信采用的通信模式是客户-服务器模式。常用的 TCP/IP 协议的套接字类型有流套接字、数据报套接字和原始套接字。其中，流套接字用于提供面向连接、可靠的数据传输服务，原始套接字允许对较低层次的协议直接访问。

进程之间的通信有多种方法，每种通信方式的实现技术都有各自的特点和使用范围。使用哪种进程通信方式应该根据应用程序的运行环境决定。

2.7　本章小结

顺序执行的程序具有顺序性、封闭性和可再现性。多道程序设计技术的出现，使得程序不再顺序执行，而是并发执行。并发执行的程序具有间断性、失去封闭性和不可再现性。操作系统中引入进程的概念是为了更好地描述并发程序的执行。

进程是一个具有独立功能的程序关于某个数据集合的一次运行过程。一个程序在不同数据集合上运行，或者一个程序在同样数据集合上的多次运行都是不同的进程。进程具有动态性、并发性、独立性和异步性。在引入进程结构的操作系统中，进程是进行系统资源分配、调度和管理的基本单位。进程管理是操作系统的基本管理功能之一。

进程是一个动态的变化过程，从建立到撤销，进程在各个状态之间转化。系统中所有的进程从创建到撤销及各状态之间的转换都是由进程控制实现的。

进程控制的主要功能是对系统中的所有进程进行有效的管理，系统通过使用原语来完成对进程的控制。进程的静态描述由进程控制块、程序段和该程序段相关的数据结构集组成。其中，进程控制块是在进程创建时产生的，进程控制块包含进程标识信息、说明信息、处理机状态信息和进程控制信息等。

进程间存在相互制约关系，即进程的同步与互斥。进程同步是指多个合作进程为了完成同一个任务，在执行速度上需要相互协调，即一个进程的执行依赖于另一个进程的信号，若一个进程到达了某一合作点而没有得到合作进程发来的信号时必须等待，直到信号到达后被唤醒。在系统中有许多硬件或软件资源，在一段时间内只允许一个进程访问或使用，这种资源称为临界资源。每个进程访问临界资源的那段程序被称为临界区。当一个进程访问某一资源时，不允许别的进程同时访问，这种限制被称为互斥。多个进程在访问某一资源时，也应该有一种执行次序上的协调。在任何时刻只能有一个进程使用共享资源。进程互斥可以解决进程间对共享资源的竞争。

操作系统中用于实现进程同步和互斥的机制有加锁机制、信号量机制和管程机制。

并发进程之间的信息交换称为进程通信。基本的进程通信的方式有共享存储器系统、管道通信和消息传递系统。共享存储器通信机制的基础是相互通信的进程共享某些数据结构或共享存储区。管道通信是指发送进程和接收进程之间利用一个管道进行信息交换，管道是连接在两个进程之间的一个打开的共享文件。消息传递通信是指进程间的数据交换以消息为单位，用户直接利用系统中提供的一组通信原语来进行通信。消息传递系统根据其实现方式的不同可分为直接通信方式和间接通信方式。

线程的引入是为了减少程序并发执行所付出的时空开销，使操作系统具有更好的并发性。线程是进程中的一个可执行实体，是被系统独立调度和执行的基本单位。在引入线程的操作系统中，线程是系统调度的基本单位，进程则是独立分配资源的基本单位。线程的实现方法主要有内核级线程和用户级线程。

多进程是 Windows 操作系统的一个基本特征，利用操作系统提供的应用编程接口可以进行应用程序之间的信息交换和数据共享，实现 Windows 进程之间的通信。

2.8　习题

1. 在操作系统中为什么要引入进程的概念？它会产生什么样的影响？
2. 试说明 PCB 的组成及其作用。
3. 试说明进程状态之间转化的原因。
4. 引起进程创建的主要事件是什么？如何创建一个进程？
5. 试说明引起进程阻塞的主要事件是什么？
6. 什么是临界资源和临界区？
7. 进程同步和互斥的概念是什么？
8. 如何实现进程之间的直接通信和间接通信？
9. 试对进程与线程进行比较。
10. 有一个阅览室，读者进入时必须先在登记表上进行信息登记，该表为每一个座位列一个表目，包括座号和姓名，读者离开时要撤销登记信息。阅览室共有 50 个座位，当阅览室满员后，读者不得进入，只能在室外等候。试描述读者进程的算法。

第 3 章　处理机调度与死锁

本章内容提要及学习目标

本章从处理机调度的级别、调度队列模型、选择调度方式和调度算法的若干准则三个方面阐述了处理机调度机制，介绍了先来先服务、短作业优先、高响应比优先、高优先权优先、时间片轮转和多级反馈队列六种常用的调度算法，并从死锁产生的原因和必要条件、死锁的预防、死锁的避免、死锁的检测与解除四个方面对死锁进行了分析。

本章的学习目标主要是使学生理解和掌握处理机调度和死锁的基本概念，要求学生掌握处理机调度的类型与方式，掌握常用的进程调度算法及其特点、死锁产生的原因及必要条件、死锁的处理方法，并深入领会银行家算法。

3.1　处理机调度机制

在多道程序设计系统中，内存中有多道程序运行，它们相互争夺处理机这一重要的资源。处理机调度就是从就绪队列中，按照一定的算法选择一个进程并将处理机分配给它运行，以实现进程并发地执行。处理机调度，也叫 CPU 调度、进程调度，讨论的是如何将处理机分给各个进程运行的问题，处理机调度使多个进程有条不紊地共享一个 CPU，使每个用户进程在较短的时间内都能得到运行。

3.1.1　处理机调度的级别

在不同的操作系统中采用的调度方式不完全相同。有的系统中只采用一级调度，有的系统采用两级或三级调度，并且所采用的调度算法也可能不同。

一般来说，作业从进入系统到最后完成，要经历三级调度：高级调度、中级调度和低级调度。

1. 高级调度

高级调度又称为作业调度或长程调度。其主要功能是根据一定的算法，把处于后备队列中的那些作业调入内存，分配必要的资源，并为它们建立相应的用户作业进程和为其服务的系统进程（如输入输出进程），然后将创建的进程送入就绪队列，等待进程调度程序对其执行调度，并在作业完成后做善后处理工作，回收系统资源。

2. 中级调度

中级调度又称为交换调度或中程调度。为了缓和内存使用紧张的矛盾，有时需要把某些进程从宝贵的内存中移到外存上去等待，为此设立了中级调度。中级调度的功能是在内存使用情况紧张时，将一些暂时不能运行的进程从内存移到外存上等待，当以后内存有空闲时，再根据一定的算法将那些在外存上等待并已获得了运行条件的进程重新调入内存，并且将进程状态设置为就绪状态，送入就绪队列，等待进程调度程序对其执行调度。引入中级调度的主要目的是提高内存的利用率和系统吞吐量。

3. 低级调度

低级调度又称为进程调度或短程调度。其主要功能是根据一定的算法将处理机分配给就绪队列中的一个进程，使该进程处于运行之中。进程调度是最基本的一种调度，执行进程调度功能的程序称作进程调度程序，由它实现处理机在进程间的切换。进程调度程序的运行频率很高，一秒内要执行很多次，因而常驻内存，是操作系统内核的重要组成部分。

进程调度可分为可抢占方式和不可抢占方式。

(1) 可抢占方式

又称为可剥夺方式，是指就绪队列中一旦有更高优先级的进程时，系统立即暂停当前进程，发生进程调度，强行转让处理机，以分配给更重要的进程。可抢占方式特别适用于实时系统，但它增加了进程调度的次数，增加了系统的开销。

(2) 不可抢占方式

又称为非剥夺方式，是指即使在就绪进程队列中存在优先级高于当前正在执行的进程的情况下，当前进程仍继续占用处理机，直到该进程运行完毕或因等待 I/O 而进入阻塞状态，或时间片用完时才发生调度出让处理机。这种调度方式的优点是实现简单、系统开销小，适用于大多数的批处理系统环境；但在要求比较严格的实时系统中，不宜采用这种调度方式。

三级调度的对象不同，任务也不同。高级调度以作业为单位，调度频率相对较低；低级调度以进程为单位，调度运行频率很高，这样才能保证所有的进程在短时间内得到运行，它们的共同目标都是尽可能地提高资源利用率，让用户的程序尽快得到执行。

3.1.2　调度队列模型

1. 仅有进程调度的调度队列模型

一般在分时系统中，仅设置进程调度，如图 3-1 所示。

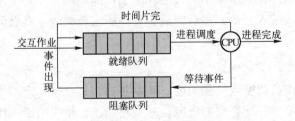

图 3-1　仅有进程调度的调度队列模型

仅有进程调度的调度队列模型，就绪态的进程排在就绪队列中，按时间片轮转调度运行，每个进程在执行时，都可能出现以下 3 种情况。

① 任务在时间片内完成，则该任务释放处理机，该进程完成。

② 任务在时间片内未完成，则系统将该进程放在就绪队列的末尾，等待下一轮调度。

③ 任务在执行期间，由于等待某事件，进程被阻塞，系统将该进程放入阻塞队列。

2. 具有高级调度和低级调度的调度队列模型

在批处理系统中，最常用的是高优先权优先调度算法，一般使用优先权队列或无序链表方式来实现。同时，设置多个阻塞队列，对阻塞的进程进行分类，如图3-2所示。

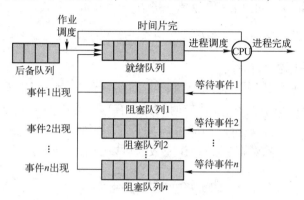

图 3-2　具有高级调度和低级调度的调度队列模型

该模型与上一模型的主要区别在于设置多个阻塞队列，以便于对阻塞的进程进行分类。

3. 同时具有三级调度的调度队列模型

在较完善的操作系统中，引入中级调度来改善内存的利用率。当操作系统引入中级调度后，可把进程的就绪状态分为内存就绪态（进程在内存中就绪）和外存就绪态（进程在外存中就绪），把阻塞状态分为内存阻塞态和外存阻塞态。在调出操作的作用下，可使内存就绪态转变为外存就绪态，内存阻塞态转变为外存阻塞态；在中级调度的作用下，可使外存就绪态转变为内存就绪态，如图3-3所示。

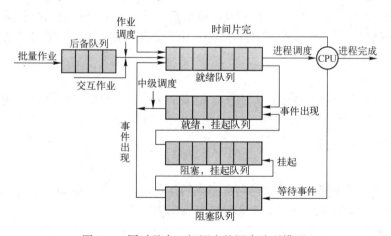

图 3-3　同时具有三级调度的调度队列模型

3.1.3　选择调度方式和调度算法的若干准则

1. 面向用户的准则

（1）周转时间短

通常把周转时间作为评价批处理系统的性能、选择作业调度方法与算法的准则。作业周转时间是指从作业提交给系统开始，到作业完成为止这段时间间隔，可以表示为如下公式：

$$T_{周转} = T_{完成} - T_{提交} = T_{等待} + T_{执行}$$ (3-1)

通常引入作业平均周转时间 T 和平均带权周转时间 W 作为衡量作业调度算法的测度。

平均周转时间＝周转时间总和÷作业数，可以表示为如下公式：

$$T_{平均周转} = \frac{1}{n}\sum_{i=1}^{n} T_i$$ (3-2)

式中，T_i 表示每个作业的周转时间。

为了度量每个作业在其周转时间中执行时间所占的比例，使用了平均带权周转时间（W）。与简单的周转时间相比，带权周转时间更加合理。

带权周转时间 W_i＝周转时间÷执行时间   (3-3)

平均带权周转时间＝带权周转总和÷作业数，可以表示为如下公式：

$$W_{平均带权周转} = \frac{1}{n}\sum_{i=1}^{n} W_i$$ (3-4)

（2）响应时间快

响应时间是从用户通过键盘提交一个请求开始，直到在屏幕上显示出结果为止的一段时间间隔。这是针对分时系统和实时系统的一条准则，对于分时系统而言，用户对系统的访问请求能在很短的时间内得到保证；对于实时系统而言，应当根据作业的需求及时予以响应。

（3）截止时间的保证

截止时间是指某个任务必须开始执行的最迟时间，或必须完成的最迟时间，这是针对实时系统的一条准则，在实时系统中，有些作业往往有截止时间的要求，系统应保证这类任务在截止时间内调度执行。

（4）优先权准则

优先权准则就是让紧急的作业得到及时的处理。这是针对批处理系统和实时系统的一条准则，在这两种系统中，作业的紧迫性通过优先级反映出来，用户希望自己的作业赋予高优先级后，能得到满意的响应。

（5）公平性的原则

用户所能体会到的公平程度主要由作业调度来实现，一个好的调度算法能基本满足所有用户的需求。

2. 面向系统的准则

（1）系统吞吐量高

系统吞吐量是指系统在一段时间内所完成的作业数。一个系统的性能如何主要看它的吞吐量，如果没有较高的吞吐量，其他准则再好也无济于事。

（2）处理机利用率高

处理机是系统内最珍贵的资源，处理机的利用率不高，是系统的最大浪费。较高的处理机利用率和系统吞吐量高是一致的。

（3）各类资源平衡利用

资源包括内存、外存、外部设备等硬件资源和文件、程序、数据等软件资源，一个好的调度策略应当使各类资源得到均衡利用，都能处于忙碌状态，而不能"忙的忙死，闲的闲死"。

3.2　调度算法

由于系统的类型和目标不同，系统所选择的调度算法也不同。无论是作业调度还是进程调度，常用的算法可以归结为以下几种。

3.2.1　先来先服务调度算法

先来先服务（first come first served，FCFS）调度算法是最简单的处理机调度算法，其基本思想是按照作业或进程进入就绪队列的先后顺序来调度，并分配处理机执行。先来先服务调度算法是一种不可抢占的算法，先到达系统的作业或先进入就绪队列的进程，先分配处理机运行。一旦某个作业或进程占有了处理机，它就一直运行下去，直到该作业或进程完成工作或者因为等待某事件而不能继续运行时才释放处理机。

从表面上看，FCFS 算法对所有作业都是公平的，并且作业的等待时间是可以预先估计的。但实际上这种算法是不利于小作业的，因为当一个大作业先进入就绪队列时，就会使其后的许多小作业等待很长的时间，这对小作业来说，等待时间可能要远远超出它运行的时间。

先来先服务调度算法简单，易于程序实现，但它性能较差，在实际运行的操作系统中，很少单独使用，它常常配合其他调度算法一起使用。

3.2.2　短作业优先调度算法

短作业优先（shorted job first，SJF）调度算法，是指从就绪队列中选择一个或若干个估计运行时间最短的作业，将它们调入内存优先运行。这种算法实现非抢占策略，一旦选中某个短作业后，就将处理机分配给它，使它立即执行并一直执行到完成，或因发生某事件而被阻塞放弃处理机时，再重新调度，运行中不允许被抢占。

短作业优先调度算法简单，容易实现，但效率也较低，它只考虑了作业的运行时间，忽视了作业的等待时间，可能造成较早进入系统但运行时间较长的作业总是等待新来的短作业。

【例 3-1】　假设某系统每天 7:00 开始运行，有如表 3-1 所示的四个作业提交，分别采用先来先服务调度算法和短作业优先调度算法，求各作业的周转时间和带权周转时间、系统的平均周转时间和平均带权周转时间。

表 3-1　先来先服务调度算法和短作业优先调度算法周转时间比较

先来先服务调度算法						
调度顺序	作业号	提交时间 （时）	执行时间 （小时）	开始时间 （时）	完成时间 （时）	周转时间 （小时）	带权周转时间 （小时）
1	1	7:00	2.00	7:00	9:00	2.00	1
2	2	8:00	0.50	9:00	9:30	1.50	3
3	3	8:30	0.10	9:30	9:56	1.10	11
4	4	9:00	0.20	9:36	9:80	0.80	4

续表

			短作业优先调度算法				
调度顺序	作业号	提交时间（时）	执行时间（小时）	开始时间（时）	完成时间（时）	周转时间（小时）	带权周转时间（小时）
1	1	7:00	2.00	7:00	9:00	2.00	1
2	3	8:30	0.10	9:00	9:06	0.60	6
3	4	9:00	0.20	9:06	9:18	0.30	1.5
4	2	8:00	0.50	9:18	9:48	1.80	3.6

先来先服务调度算法：

系统的平均周转时间 $T=(2.0+1.5+1.1+0.8)/4=1.35$（小时）

系统的平均带权周转时间 $W=(1+3+11+4)/4=4.75$（小时）

短作业优先调度算法：

系统的平均周转时间 $T=(2.0+0.6+0.3+1.8)/4=1.175$（小时）

系统的平均带权周转时间 $W=(1+6+1.5+3.6)/4=3.025$（小时）

可见，短作业优先调度算法与先来先服务调度算法相比，降低了系统的平均周转时间和平均带权周转时间。

3.2.3　高响应比优先调度算法

高响应比优先（highest reponse ratio next，HRN）调度算法，是先来先服务调度算法和短作业优先调度算法的折中，也是一种不可抢占式的调度策略，其基本思想是先计算作业的响应比，选择响应比值高者进行调度。

作业的响应比计算公式如下：

$$响应比=(等待时间+执行时间)/执行时间 \tag{3-5}$$

由于等待时间与执行时间之和就是系统对该作业的响应时间，故响应比 R_p 又可表示为：

$$R_p=响应时间/执行时间 \tag{3-6}$$

① 如果作业的等待时间相同，那么执行时间越短，其响应比越高，因而该算法有利于短作业。

② 当执行的时间相同时，作业的响应比决定于其等待时间，等待时间越长，其响应比越高，因而它实现的是先来先服务的原则。

③ 对于长作业，作业的响应比随等待时间的增加而提高，当其等待时间足够长时，其响应比便可升到很高，从而也可获得处理机。

高响应比优先调度算法克服了先来先服务调度算法和短作业优先调度算法的缺点，但是该算法要求每次分配处理机前都要对系统中所有作业计算一次响应比，因此该算法较复杂，系统开销大。

【例 3-2】　继续使用表 3-1 作业序列，采用高响应比优先调度算法，求各作业的周转时间和带权周转时间、系统的平均周转时间和平均带权周转时间。如表 3-2 所示。

表 3-2　高响应比优先调度算法计算

高响应比优先调度算法							
调度顺序	作业号	提交时间（时）	执行时间（小时）	开始时间（时）	完成时间（时）	周转时间（小时）	带权周转时间（小时）
1	1	7:00	2.00	7:00	9:00	2.00	1
2	3	8:30	0.10	9:00	9:06	0.60	6
3	2	8:00	0.50	9:06	9:36	1.60	3.2
4	4	9:00	0.20	9:36	9:48	0.80	4

在 7:00 这一时刻只有作业 1 提交，所以先运行作业 1，直到作业 1 运行完，在 9:00 这一时刻，作业 2、3、4 均已提交，要分别对它们进行响应比计算。

作业 2 的响应比 $R_p=(1.0+0.5)/0.5=3$

作业 3 的响应比 $R_p=(0.5+0.1)/0.1=6$

作业 4 的响应比 $R_p=(0.0+0.2)/0.2=1$

因此，此时调度作业 3，作业 3 完成后，再按上述方法计算作业 2 和作业 4 的响应比，选择作业 2，最后运行作业 4。

采用高响应比优先调度算法：

系统的平均周转时间 $T=(2.0+0.6+1.6+0.8)/4=1.25$（小时）

系统的平均带权周转时间 $W=(1+6+3.2+4.0)/4=3.55$（小时）

3.2.4　高优先权优先调度算法

高优先权优先（highest priority first，HPF）调度算法是最常见的调度算法之一，其基本思想是把处理机分配给具有最高优先权的进程，而忽略等待时间、运行时间等因素。优先权一般用一个整数表示，该数称为优先数，有的系统规定优先数越小，进程的优先权越高，而有的系统却恰恰相反。

1. 优先权的类型

在这种算法中，首先考虑的问题是如何确定进程的优先权，一般是由系统按一定的规则计算确定的。根据进程的优先权（数）在进程创建后是否允许改变，优先权分为静态和动态两种，高优先权优先调度算法也因此分为静态优先权调度算法和动态优先权调度算法。

（1）静态优先权调度算法

静态优先权调度算法是由系统在建立进程时确定一个优先数，它在整个生命期内保持不变。进程的优先数可以根据进程的类型、进程对资源的需求情况以及用户的要求等因素确定。

静态优先权调度算法简单，系统开销小，但是公平性差，可能会造成优先权低的进程长期等待。

（2）动态优先权调度算法

动态优先权调度算法是在创建一个进程时，根据该进程的特点和系统资源的使用情况设置一个初始优先数，而后在进程运行过程中，随着时间推移和运行环境的变化而动态地改变。优先数变化的主要依据是：进程占用处理机时间的长短、进程等待处理机时间的长短和进程对资源的使用需求等因素。

动态优先权调度算法资源利用率高，公平性好；但缺点是系统开销较大，实现复杂。

2. 调度的方式

高优先权优先调度算法根据是否允许更高优先权的就绪进程强行从正在运行的进程手中抢占处理机，分为非抢占式优先权调度算法和抢占式优先权调度算法。

（1）非抢占式优先权调度算法

在这种方式下，系统一旦把处理机分配给当时就绪队列中优先权最高的进程后，该进程便一直运行下去，直至自身的原因（如任务完成或等待某事件）才出让处理机，系统才能将处理机重新分配给另一优先权最高的进程。这种调度算法可用于批处理系统和实时性要求不高的系统。

（2）抢占式优先权调度算法

在这种方式下，系统同样是把处理机分配给优先权最高的进程，使之执行。但在其执行期间，如果又出现了另一个优先权更高的进程，如刚创建的或刚唤醒的进程，进程调度程序就立即停止当前进程（原优先权最高的进程）的执行，迫使它把处理机让给新出现的优先权最高的就绪进程。因此，这种抢占式的优先权调度算法常用于实时性要求较高的系统，也可用于对性能要求较高的批处理和分时系统。

3.2.5 时间片轮转调度算法

时间片轮转（round robin，RR）调度算法的基本思想是将所有就绪进程按先进先出原则组织成一个就绪队列，调度程序每次选择队首进程投入运行，但进程只能运行一个时间片。如果进程的运行时间小于一个时间片，则当该进程完成时就进入重新调度，时间片的剩余量交还给系统；如果进程在一个时间片内不能运行完毕，系统将现行进程送至就绪队列尾部，同时选择队首进程投入运行。

这种调度算法也采用先来先服务的调度策略，当一个时间片用完时，处理机被系统的进程调度程序抢占，就绪队列中的每一个进程都能轮流地使用处理机，特别适合于分时系统。

在时间片轮转调度算法中，时间片长短的确定要适中。如果时间片太长，则使每一个进程均能在一个时间片内完成，时间片轮转调度算法就退化成了先来先服务调度算法；如果时间片太短，就会导致频繁的时间片中断和调度，大大增加了系统的开销，使处理机真正运行用户进程的时间变短。通常，时间片的选取公式如下：

$$S = RT/N \tag{3-7}$$

式中，RT 为系统响应时间上限；N 为系统中进程数目上限。

时间片轮转调度算法实现简单并且具有公平性，但处理机要花费较大的额外开销用于进程间的切换和调度。

3.2.6 多级反馈队列调度算法

多级反馈队列（multipl-level queue，FB）调度算法实际上是一种可变时间片的轮转调度算法，图 3-4 是多级反馈队列算法的示意图。它的基本思想如下。

① 系统按优先级别设置若干个就绪进程队列，并为各个队列赋予不同的优先级，第一

队列的优先级最高，以下逐级降低，第 n 级队列的优先级最低。

② 每个队列中进程执行时间片的大小也各不相同，在优先权越高的队列中，为每个进程所规定的执行时间片就越小，假设每个就绪队列对应一个时间片 S_i（$i=1$，2，…，n），则有 $S_1 < S_2 < \cdots < S_n$，且 $S_{i+1} = 2S_i$。

③ 除对第 n 级队列按时间轮转调度算法调度外，对其余各级队列均按先来先服务的原则调度。

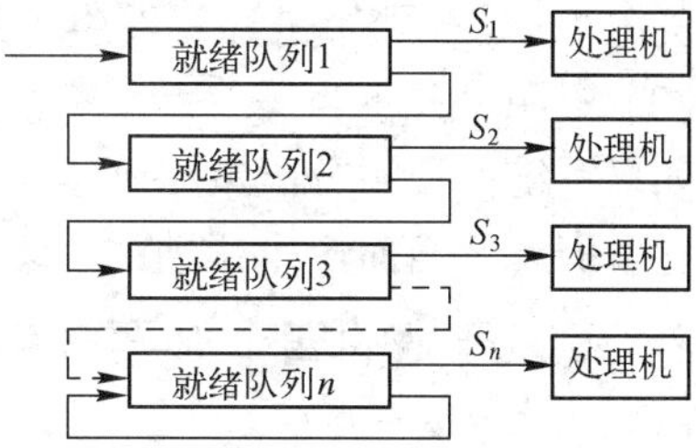

（时间片：$S_1 < S_2 < S_3$）

图 3-4　多级反馈队列调度算法工作原理示意图

④ 一个新进程首先进入第 1 级队列末尾，根据先来先服务的原则在队列中等待获得处理机，如果进程被调度并在规定的时间片内执行完毕，则该进程就可准备撤离系统；若该进程尚未执行完毕，但需要等待其他事件的完成而出让处理机，则该进程移入相应的等待队列；如果进程用完规定的时间片后仍未执行完毕，则该进程被移入下一级队列的末尾去等待，而处理机被分配给同级队列中的下一个就绪进程。

⑤ 当第 1 级就绪队列为空时，调度程序才会去调度第 2 级就绪队列中的进程，依次类推。

⑥ 当第 k 级队列中的某个进程正在运行时，如果有新到达的更高优先级的进程，则调度程序将暂停正在运行的进程，把处理机分配给更高优先级的进程，同时将当前进程移入第 k 级队列的末尾去等待。

多级反馈队列调度算法是先来先服务调度算法、时间片轮转调度算法和高优先权优先调度算法的综合应用，该算法比较复杂，实现起来较困难；但它可以自动判断进程的类别并对各个进程做出恰当的处理，还能够自动适应进程性质的变化，系统开销的增加与得到的好处相比仍然是划算的，所以说多级反馈队列调度算法被公认为比较好的调度算法，被一些系统广泛使用。

3.3　死锁

死锁（dead lock）是指两个或两个以上的进程在执行过程中，因争夺资源而造成的一种互相等待的现象，若无外力作用，这些进程都将永远不能再向前推进。此时称系统处于死锁状态或系统产生了死锁。

3.3.1　死锁产生的原因和必要条件

1. 死锁产生的原因

（1）系统资源不足

由于资源占用是互斥的，当某个进程提出资源申请后，使其他相关进程在无外力协助下，永远分配不到必需的资源而无法继续运行，这就产生了一种特殊现象——死锁。

（2）进程运行推进的顺序非法

执行程序中两个或多个进程发生永久堵塞（等待），每个进程都在等待被其他进程占用并堵塞了的资源。例如，如果进程 A 锁住了资源 1 并等待资源 2，而进程 B 锁住了资源 2 并等待资源 1，这样两个进程就发生了死锁现象。

（3）资源分配不当等

如果系统的资源分配策略不当，更常见的可能是程序员写的程序有错误等，则会导致进程因竞争资源不当而产生死锁的现象。

2. 死锁产生的四个必要条件

（1）互斥条件

并发进程所请求的资源是互斥使用的独占资源，即一次只能被一个进程使用的资源，具有排他性。

（2）请求与保持条件

进程已经拥有部分资源，还要继续申请资源。

（3）不可剥夺条件

进程已经拥有的资源在没有使用完之前，不能被其他进程强行剥夺，只能由该进程自己释放。

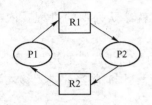

图 3-5　两个进程环路等待

（4）环路等待条件

若干进程之间对于资源的占有和请求形成环路，如图 3-5 所示。两个进程 P1、P2 互相等待被对方已经占有的资源 R1、R2。

这四个条件是死锁产生的必要条件，只要系统发生死锁，这些条件必然成立，只要上述条件之一不满足，就不会发生死锁。

3.3.2　死锁的预防

破坏产生死锁的四个必要条件中的任意一个，使系统不可能进入死锁状态，这就是死锁的预防。在通常情况下，第一个条件是资源本身固有的特性，是很难改变和破坏的，因此预防死锁总是从破坏其他三个必要条件着手解决。

1. 破坏请求与保持条件

采用这种方法预防死锁，系统规定每个进程要一次性地申请所需要的全部资源，用完后全部释放。这样，要么不给进程分配资源，让进程等待，要么满足进程的全部资源要求，因而不会发生死锁。

这在分配策略上是一种静态的分配方法。其优点是简单且安全，容易实现；但缺点是可能让进程的等待时间增长，延迟进程的推进。

2. 破坏不可剥夺条件

破坏不可剥夺性，也就是收回进程已经占有的资源。有两种方法，第一种方法是：当占有资源的进程申请资源时，若有则分配，若没有则剥夺（释放）其占有的所有资源。第二种方法是：如果一个进程申请当前被另外一个进程占有的资源，而这个占有资源的进程在等待更多的资源，则系统剥夺这个等待进程的资源。

这是一种动态的分配方法，可以减少资源被长时间独占且闲置，提高了资源利用率，但是动态分配比较复杂，增加了系统的开销。

3. 破坏环路等待条件

这种预防死锁的方法，系统将所有的资源都编上唯一的序号，每个进程对于资源的请求只能按号的递增进行，比如请求了 R1 才能请求 R2，从而破坏环路条件预防死锁。

这种方法也是动态的分配方法，提高了资源利用率和系统吞吐量，并且比较容易实现，但是要求系统中各种类型资源所分配的序号必须相对稳定，限制了增加新类型设备的方便性。

3.3.3　死锁的避免

死锁的避免是指操作系统在动态分配过程中对每一次的资源分配都要采取某种算法去判断当前的分配有没有导致死锁的可能性，没有则将资源分配给进程，有则拒绝分配，让进程等待，从而动态地避免死锁的产生。

死锁避免的算法有很多，最有代表性的死锁避免算法是 Dijkstra 提出的银行家算法，银行家算法中用到两个概念——安全序列和安全状态。

1. 安全序列和安全状态

（1）安全序列

在该序列中所有的进程都可以因为之前进程的完成所释放的资源使得它们一个接一个地完成。表示为<P1,P2,…,Pi,…,Pn>，其中 P1,P2,…,Pi,…,Pn 代表系统中的进程。

（2）安全状态

如果系统中的所有进程至少能找到一个安全序列，则称系统当前处于安全状态。

💡 **注意**：安全序列必须包括当前系统中的所有进程，如果某个进程因资源不够而不能完成，则不存在安全序列，那么当前系统就处于不安全状态，可能导致死锁；如果系统在任意时刻都处于安全状态，那么系统就是安全的，不会有死锁发生。

【例 3-3】　写出系统的安全状态。

假定系统中有三个进程 P1、P2 和 P3 以及 R 资源 12 个。进程 P1 总共要求 8 个资源，P2 和 P3 分别要求 3 个和 9 个。假设在 T0 时刻，进程 P1、P2 和 P3 已分别获得的资源数是 4、2 和 1，还有 3 个资源空闲未分配，如表 3-3 所示。

表 3-3　进程-资源安全状态表

进　　程	资源最大需求	已分配资源	可用资源数
P1	8	4	
P2	3	2	3
P3	9	1	

分析发现，存在安全序列<P2,P1,P3>使所有进程能够运行完成。因此目前系统处于安全状态，不会发生死锁。

如果不按照安全序列分配资源，则系统可能会由安全状态进入不安全状态。例如，在 T0 时刻以后，P3 又请求 2 个资源，若此时系统把剩余 3 个资源中的 2 个分配给 P3，则系统便进入不安全状态，如表 3-4 所示。

表 3-4　进程-资源不安全状态表

进　　程	资源最大需求	已分配资源	可用资源数
P1	8	4	
P2	3	2	1
P3	9	3	

此时再也无法找到一个安全序列，因为如果把剩余的 1 个资源分配给 P2，这样在 P2 完成后只能释放出 3 个资源，既不能满足 P1 尚需 4 个资源的要求，也不能满足 P3 尚需 6 个资源的要求，致使它们都无法推进到完成，彼此都在等待对方释放资源，即陷入僵局，结果导致死锁。

2. 银行家算法需要的几种数据结构

（1）可利用资源阵列 Available

这是一个长度为 m 的数组，其中的每一个元素代表一类可利用资源的数目，其初始值是系统中所配置的该类全部可用资源的数目。如 Available[i]=5，表示系统中现有 5 个 Ri 类资源没有分配给任何进程。

（2）最大需求矩阵 Max

这是一个 n×m 的矩阵，它定义了系统中每个进程对每种资源所需要的数目。如 Max[i,j]=6，表示进程 Pi 共需要 6 个 Rj 类资源才能运行完成。

（3）资源分配矩阵 Allocation

这也是一个 n×m 的矩阵，它定义了系统中每个进程所持有的各类资源的数目。如 Allocation[i,j]=6，表示当前进程 Pi 已获得 6 个 Rj 类资源。

（4）需求矩阵 Need

这也是一个 n×m 的矩阵，它定义了系统中目前每个进程尚需的各类资源数。如 Need[i,j]=6，表示进程 Pi 还需要 6 个 Rj 类资源才能完成其任务。

$$Need[i,j]=Max[i,j]-Allocation[i,j]$$

（5）资源要求矩阵 Request

这也是一个 n×m 的矩阵，它定义了系统中每个进程所要求的各类资源的数目。如 Request[i,j]=6，表示进程 Pi 要求 6 个 Rj 类资源。

3. 银行家算法的基本思想

当 Pi 发出资源请求后，系统按下述步骤进行检查：

① 如果 Request[i,j]≤Need[i,j]，便转向步骤②；否则报错，因为它所需要的资源数已超过它所宣布的最大值。

② 如果 Request[j]≤Available[j]，便转向步骤③；否则，表示目前系统中尚无足够资源，Pi 必须等待。

③ 系统试着把资源分配给进程 Pi，并修改下面数据结构中的数值：

　　Available[j]=Available[j]-Requesti[j]；

　　Allocation[i,j]=Allocation[i,j]+Request[i,j]；

　　Need[i,j]=Need[i,j]-Request[i,j]；

④ 系统执行安全性算法，检查此次资源分配后，系统是否处于安全状态。若系统处于安全状态，才将资源正式分配给进程 Pi；否则，将本次的试探分配作废，使系统保持原来的进程–资源分配状态，继续让进程 Pi 等待。

4. 安全性算法

银行家算法中还需要一个安全性算法来测试系统是否处于安全状态，现将安全性算法介绍如下。

（1）安全性算法中的两个数据结构

① 数组 Work：它含有 m 个元素，表示系统可以提供给进程继续运行所需的各类资源数目，初始化时 Work = Available；

② 数组 Finish：它表示系统是否有足够的资源分配给进程，使之运行完成。初始化时 Finish[i] = false。

（2）安全性算法的基本思想

① 寻找 i 符合 Finish[i] = false，并且 Need[i,j] ≤ Work[j]；如果找到，执行步骤②，否则，执行步骤③；

② 当进程 Pi 获得资源后，执行直到完成，并释放出分配给它的资源，故应执行：

Work[j] = Work[i] + Allocation[i,j]；

Finish[i] = true；

转到步骤①；

③ 如果所有进程的 Finish[i] = true 都满足，那么表示系统处于安全状态；否则，表示系统处于不安全状态。

【例 3-4】　假设系统中有 5 个进程 P1、P2、P3、P4、P5 和 3 类资源（A、B、C），各类资源的数量分别为 17、5、20，在 T0 时刻的资源需求和分配状态如表 3-5 所示。

表 3-5　T0 时刻的资源需求和分配状态

资源情况 进程	Max （A、B、C）	Allocation （A、B、C）	Need （A、B、C）	Available （A、B、C）
P1	5　5　9	2　1　2	3　4　7	
P2	5　3　6	4　0　2	1　3　4	
P3	4　0　11	4　0　5	0　0　6	2　3　3
P4	4　2　5	2　0　4	2　2　1	
P5	4　2　4	3　1　4	1　1　0	

系统采用银行家算法避免死锁，问：

① T0 时刻系统是否处于安全状态？如果是，安全序列有哪些？

② T0 时刻如果 P2 请求 [0，3，4]，能否实施分配？为什么？

解：

① 判断 T0 时刻系统是否处于安全状态，可以根据安全性算法得到 T0 时刻的一个安全序列，如表 3-6 所示。

表3-6　T0 时刻的安全序列

资源情况 进程	Work (A、B、C)			Need (A、B、C)			Allocation (A、B、C)			Work+Allocation (A、B、C)			Finish
P4	2	3	3	2	2	1	2	0	4	4	3	7	True
P5	4	3	7	1	1	0	3	1	4	7	4	11	True
P1	7	4	11	3	4	7	2	1	2	9	5	13	True
P2	9	5	13	1	3	4	4	0	2	13	5	15	True
P3	13	5	15	0	0	6	4	0	5	17	5	20	True

从表3-6可以看出存在安全序列<P4,P5,P1,P2,P3>，所以说 T0 时刻系统处于安全状态。通过分析可以找到以 P4、P5 开头并以 P1、P3 结尾的安全序列，如<P4,P5,P2,P1,P3>、<P5,P4,P2,P1,P3>等。

② 不能分配。因为可利用资源为[2,3,3]，P2 要请求[0,3,4]，C 类资源的可利用资源数不够分配。

3.3.4　死锁的检测与解除

1. 死锁的检测

（1）死锁定理

最常用的检测死锁的方法就是对进程–资源图的化简。进程–资源图的化简是指一个进程得到所需要的所有资源，从而使该进程能不断地向前推进，直到最后运行完毕，并释放出全部资源。那么在图上消去该进程所有的请求边和占有边，使之成为孤立节点，我们说，该进程–资源分配图可被这个进程所化简。假设一个进程–资源分配图可以被所有进程所化简，那么称该图是可化简的，因而系统不会出现死锁。假如该图不能被所有进程所化简，则称该图是不可化简的，系统出现了死锁。

【例3-5】假设有进程 P1、P2 和资源 R1（3个）、R2（2个）。P1 占有 R1 资源两个，P2 占有 R1、R2 资源各一个，当前进程对资源的申请和占有关系如图 3-6 所示，这个图称为进程–资源图。

进程 P1 申请 R2 资源一个，资源要求能被满足，因而进程 P1 能够运行完毕，并释放出其占有的资源，约简 P1 后的进程–资源图如图 3-7 所示。

进程 P2 占有 R1、R2 资源各一个，进程 P1 释放其占有的 R1 资源后，P2 申请一个 R1 资源的要求能被满足，因而进程 P2 能够运行完毕，并释放出其占有的资源，约简 P2 后的进程–资源图如图 3-8 所示。

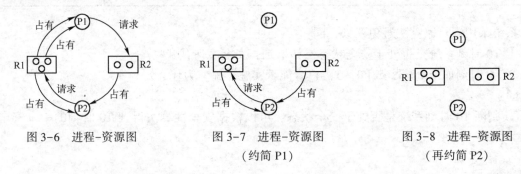

图 3-6　进程–资源图　　　　图 3-7　进程–资源图　　　　图 3-8　进程–资源图
　　　　　　　　　　　　　　　　（约简 P1）　　　　　　　　　　（再约简 P2）

（2）死锁检测算法

① 初始化 Work＝可利用资源向量 Available。

② 把不占有资源的进程（即孤立进程点用向量 Allocation＝0 来表示）记入 L 表中，即 Li∪L。

③ 从进程集合中找到一个 Request[i]≤Work 的进程，做如下处理：首先将其资源分配图化简，释放出资源，改变工作向量 Work＝Work+Allocation[i]，其次再将它记入 L 表中。

④ 如果不能把所有进程都记入 L 表中，则表明系统状态的进程–资源分配图是不可完全化简的。因此，该系统状态将发生死锁。

```
        Work = Available;
        L = {Li | Allocation[i] = 0 ∩ Request[i] = 0}
    for all ~Li ∈ L do
        {
            for all Request[i] ≤ Work do
                {
                    Work = Work+Allocation[i];
                    L = Li∪L;
                }
        }
    deadlock = ~ (L = {p1, p2, . . . , pn});
```

2. 死锁解除的方法

终止进程：撤销陷于死锁的全部进程。

回退：逐个撤销陷于死锁的进程，直到死锁不存在。

抢夺资源：从陷于死锁的进程中逐个强迫放弃所占用的资源，直至死锁消失。

3.3.5　Windows 10 操作系统中死锁的解除

1. 文件资源管理器死锁的解除

在 Windows 10 文件资源管理器中挑选文件进行操作时，突然发现单击任何目录或文件都没有反应，就连资源管理器右上角的关闭按钮也失效了。资源管理器陷入"死锁"之中。这时，若重新启动系统，可能尚有文件没有保存，所以只能寻求解锁"资源管理器"的办法。

按下 Ctrl+Alt+Del 组合键，出现锁定、切换用户、注销、更改密码、任务管理器等选择界面，如图 3-9 所示。

单击【任务管理器】项，进入【任务管理器】窗口。Windows 资源管理器在进程列表中，右键单击此项并选择【重新启动】，如图 3-10 所示。

随后屏幕会黑屏一闪，且任务栏图标全部消失，稍候片刻，任务栏会重启，桌面图标和已打开的任务又刷新并重现。再按下 Windows 徽标键+E 组合键命令，发现新的资源管理器可以启动，功能一切恢复正常。

图 3-9　Ctrl+Alt+Del 组合键窗口

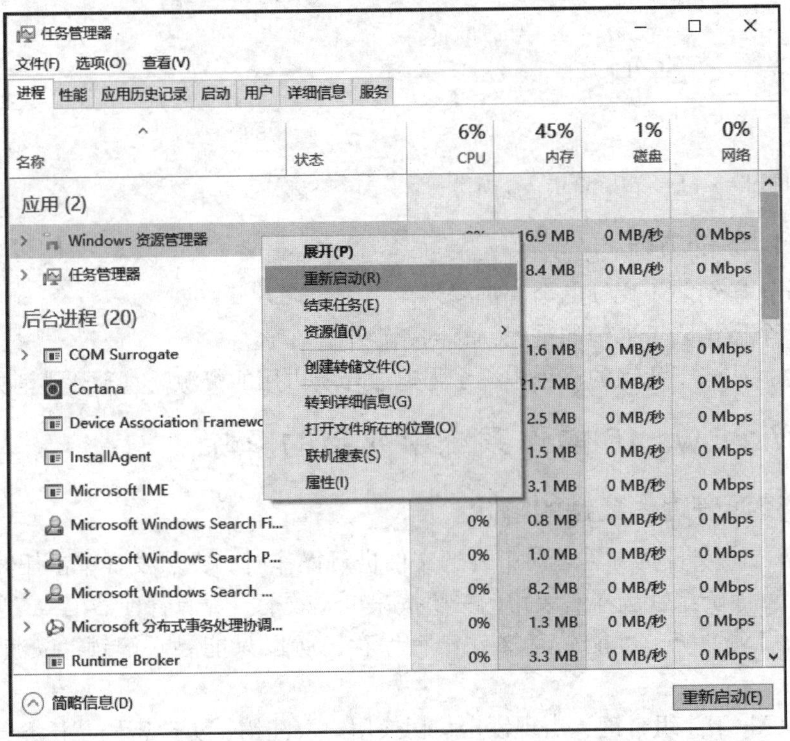

图 3-10　【任务管理器】窗口

2. 系统死锁的解除

在 Windows 10 使用的过程中，由于出现不稳定或软件冲突等情况，需要重启系统。但是，在【开始】菜单中单击【重启】或【关机】命令，系统均没有任何反应。虽然长按电源按钮或直接关掉插座可以重启，但是这样会对硬盘造成伤害。这时可以借助 Ctrl+Alt+Del 组合键，使用系统暗藏的一个"紧急重启"命令。

按 Ctrl+Alt+Del 组合键后，在选择菜单中并没有重启命令。这时，需在按下 Ctrl 按键的同时，单击窗口右下角的【关机】按钮，如图 3-9 所示。

进入【紧急启动】界面，如图 3-11 所示。单击【确定】按钮，计算机就会重启，这样就巧妙实现了在其他热键无效时的热重启。

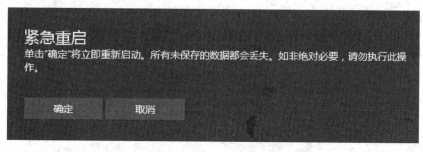

图 3-11　【紧急重启】窗口

"紧急重启"虽然解决了系统重启的问题，但是未保存的数据会丢失。它所规避的是直接强行中断电源对硬盘造成的伤害，但不能保全用户数据。

3.4　本章小结

本章主要讨论处理机调度和死锁问题。处理机调度，也叫 CPU 调度，进程调度，讨论的是如何将处理机分给各个进程运行的问题，处理机调度使多个进程有条不紊地共享一个 CPU，使每个用户进程在较短的时间内都能得到运行。在较完善的操作系统中，一般通过两级或三级调度才能让作业在处理机上运行。

好的调度策略对于加快作业周转时间、提高系统的吞吐量是十分重要的，通常引入作业的平均周转时间 T 和平均带权周转时间 W 作为衡量作业调度算法的测度。本章结合实例具体讨论了先来先服务、短作业优先、高响应比优先、高优先权优先、时间片轮转和多级反馈队列六种常用的调度算法。FCFS 算法简单，对所有作业都是公平的，但不利于短作业。短作业优先照顾短作业，降低了系统的平均周转时间和平均带权周转时间。高响应比优先是上述两种算法的折中，既照顾短作业，也兼顾长作业。高优先权优先是把处理机分配给具有最高优先权的进程，能保证实时系统的需要。时间片轮转使每个作业在短时间内都有机会运行，兼顾长短作业，特别适合于分时系统。多级反馈队列是先来先服务、时间片轮转和高优先权优先调度算法的综合应用，该算法比较复杂，它能够自动适应进程性质的变化，系统开销的增加与得到的好处相比仍然是划算的，所以说多级反馈队列调度算法被公认为比较好的调度算法，被一些系统广泛使用。

死锁是指两个或两个以上的进程在执行过程中，因争夺资源而造成的一种互相等待的现象，若无外力作用，这些进程都将永远不能再向前推进。

本章讨论了死锁产生的原因及必要条件，死锁的预防、避免、检测和解除等的处理方法，重点介绍了银行家算法。银行家算法对每一次的资源分配都要去判断当前的分配是否使所有进程都能运行完毕，有则将资源分配给进程，否则拒绝分配，让进程等待，从而动态地避免死锁的产生，并以 Windows 10 操作系统为例介绍了两种死锁的解除。

3.5 习题

1. 简述处理机调度和死锁的概念。
2. 处理机调度一般可分为哪三级？其中哪一级调度必不可少？
3. 假设在单处理机条件下有下列要执行的作业，如表 3-7 所示。

表 3-7 作业提交时间和执行时间表

作　业	提交时间	执行时间
1	0	10
2	1	1
3	2	2
4	3	4

分别采用先来先服务调度算法、短作业优先调度算法和高响应比优先调度算法，计算各作业的周转时间和带权周转时间、系统的平均周转时间和平均带权周转时间。

4. 选择调度方式和调度算法的准则是什么？
5. 为什么说多级反馈队列调度算法是比较好的调度算法？
6. 六种调度算法的特点分别是什么？
7. 死锁产生的必要条件是什么？
8. 假设系统中有 4 个进程 $P1$、$P2$、$P3$、$P4$ 和 3 类资源（A、B、C），在 $T0$ 时刻的资源需求和分配状态如表 3-8 所示。

表 3-8 T0 时刻的资源需求和分配状态表

资源情况　　进程	Max (A、B、C)	Allocation (A、B、C)	Available (A、B、C)
P1	3　2　2	1　0　1	2　3　3
P2	6　1　3	2　1　1	
P3	3　2　4	2　1　0	
P4	2　2　4	1　0　2	

系统采用银行家算法避免死锁，问：

（1）系统中各类资源的数量分别是多少？

（2）T0 时刻系统是否处于安全状态？如果是，安全序列有哪些？（要求画出类似表 3-6 样式的表进行分析）

（3）T0 时刻如果 P2 再请求[1,0,2]，能否实施分配？为什么？

9. 假设有进程 P1、P2 和资源 R1（2 个）、R2（3 个）。P1 占有 R1、R2 各一个，又再申请 R2 一个，P2 占有 R1 一个，又再申请 R1、R2 各一个，试画出进程-资源图，并约简该图，并判断系统是否发生了死锁。

10. 如何进行死锁的预防？

第 4 章　存储器管理

本章内容提要及学习目标

本章主要讲解存储器管理的基本方式，包括分区分配存储管理方式、分页存储管理方式、分段存储管理方式、段页式存储管理方式及虚拟存储管理方式。通过本章的学习，应掌握以下内容：存储器管理的基本概念、各种存储管理方式的基本思想、数据结构及地址变换方法，以及虚拟存储管理的概念、实现原理和页面置换算法。

4.1　存储器管理概述

存储器是计算机系统的重要组成部分，随着计算机技术的迅速发展，计算机软件对存储空间的需求急剧膨胀。虽然存储器的容量不断扩大，但仍然不能保证有足够的空间来支持大型应用、系统程序及数据的使用，对存储器的管理依然是影响到计算机系统性能的重要因素。存储器管理讨论的主要对象是内存，外存管理将在磁盘存储管理和文件管理等相关章节中进行讨论。

存储空间一般分为两部分：一部分是系统区，存放操作系统核心程序、标准子程序、例行程序等；另一部分是用户区，存放用户的程序和数据等，供当前正在执行的应用程序使用。存储器管理主要是对用户区进行管理。

4.1.1　存储器管理的任务与功能

1. 存储器管理的主要任务

存储器管理的主要任务是为多道程序的并发运行提供良好的存储器环境，包括以下内容：

① 能让每道程序"各得其所"，并在不受干扰的环境中运行，还可以使用户从存储空间的分配、保护等烦琐事务中解脱出来；

② 向用户提供更大的存储空间，使更多的作业能同时投入运行或使更大的作业能在较小的内存空间中运行；

③ 为用户对信息的访问、保护、共享及动态链接等方面提供方便；

④ 能使存储器有较高的利用率。

2. 存储器管理的主要功能

为了实现存储器管理的主要任务，存储器管理应具有以下几个方面的功能。

（1）内存分配

根据分配策略，为多道程序分配内存，并实现共享。同时对程序释放的存储空间进行回收。

（2）地址映射

每道程序都有自己的逻辑地址，在多道程序环境中，内存空间被多道程序共享，这就必然导致程序的逻辑地址与在内存中的物理地址不一致。因此，存储器管理必须提供地址映射功能，用于逻辑地址和物理地址间的变换。地址映射通常在硬件支持下完成。

（3）内存保护

确保每道程序在自己的内存空间中运行，互不干扰。内存保护一般由硬件完成。

（4）内存扩充

利用虚拟存储技术从逻辑上扩充内存空间，为用户营造一个比实际物理内存更大的存储空间。

4.1.2 程序的装入与链接

在计算机系统中，源程序要运行，通常要经过以下几个步骤。

① 编译。由编译程序将源程序代码编译成若干个目标模块。

② 链接。由链接程序将编译后形成的目标模块以及它们所需的库函数链接在一起，形成一个装入模块。

③ 装入。由装入程序将装入模块装入内存。

具体过程如图 4-1 所示。

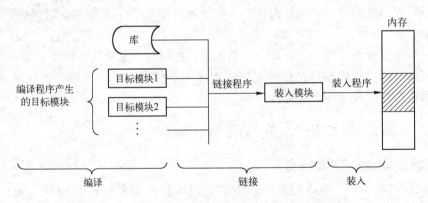

图 4-1　对用户程序的处理步骤

1. 程序的装入

实现程序的装入可以采用多种方式，如绝对装入方式、可重定位装入方式和动态运行时装入方式。

（1）绝对装入方式

在编译时，如果能够预知目标模块在内存中的驻留位置，那么编译程序将产生绝对地址的目标代码。绝对装入程序按照装入模块中的地址，将程序和数据装入内存，程序和数据中的地址无须修改。程序中所使用的绝对地址既可以在编译或汇编中给出，也可以由程序员直接赋予。通常是在程序中采用符号地址，然后在编译或汇编时再将符号地址转换为绝对地址。例如，事先已经知道用户程序（进程）驻留在以 1024 开始的内存空间中，则编译产生的目标代码以及程序和数据装入内存的情景如图 4-2 所示。

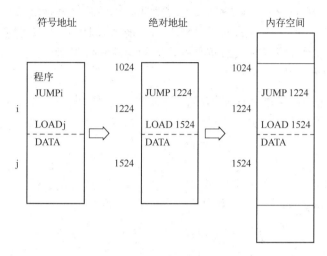

图 4-2　绝对装入方式

（2）可重定位装入方式

在编译时，如果不能预知目标模块在内存中的驻留位置，那么目标模块通常都是先产生从 0 开始的逻辑地址。在程序装入时再根据内存的使用情况，将目标模块装入到分配的内存空间中。这时装入模块的逻辑地址与实际装入内存的物理地址是不相同的。重定位程序根据装入模块的内存起始地址，直接修改所有的逻辑地址，将内存的起始地址加上逻辑地址得到正确的物理地址，如图 4-3 所示。可重定位装入方式一般用于多道程序环境中。

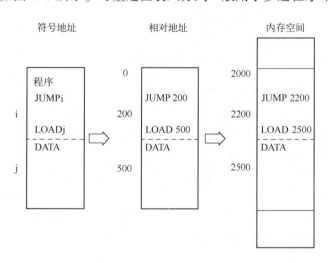

图 4-3　可重定位装入方式

（3）动态运行时装入方式

可重定位装入方式中，程序和数据的地址变换只是在装入时一次完成，以后不再改变。然而实际情况是，程序在内存中的位置可能经常需要改变。例如，在具有对换功能的系统中，一个进程有可能被多次换出，又多次被换入。每次换入后的位置通常是不相同的，这时就应采用动态运行时装入方式。动态运行时装入方式中，装入程序把装入模块转入内存后，并不立即把装入模块中的相对地址转换为绝对地址，而是把这种地址转换推迟到程序要真正执行时才进行。因此，装入内存后的所有地址都仍是相对地址。为了使地址转换不影响指令的执行速度，动态运行时装入方式通常需要一定的特殊硬件支持。

2. 程序的链接

链接程序的功能是将经过编译或汇编后得到的一组目标模块，以及它们所需要的库函数装配成一个完整的装入模块。实现链接的方法有静态链接、装入时动态链接和运行时动态链接三种。

（1）静态链接

假设编译后得到了 3 个目标模块 A、B、C，它们的长度分别是 L、M、N，目标模块的静态链接过程如图 4-4 所示。

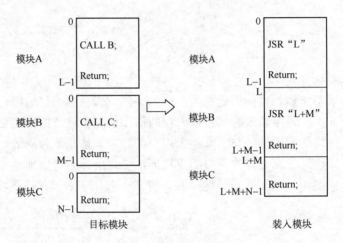

图 4-4　静态链接

静态链接过程中，需要完成以下两个任务。

① 对相对地址进行修改。通过编译产生的目标模块，起始地址都为 0，模块中的地址都是相对于 0 的。在装入模块中，模块 B 和 C 的起始地址不再是 0，而是 L 和 L+M，模块 B 和 C 中的地址都需要进行相应的修改。

② 变换外部调用符号。即将每个模块中所用的外部调用符号，都变换为相对地址。如将 CALL B;变换为 JSR "L"，将 CALL C;变换为 JSR "L+M"，这样就形成了一个完整装入模块。装入模块通常不再拆开，要运行时可直接将它装入内存。这种事先进行链接，以后不再拆开的链接方式，称为静态链接方式。

（2）装入时动态链接

装入时动态链接不预先对编译后的目标模块进行链接，而是在装入内存时，一边装入一边链接。在装入一个目标模块时，若发生一个外部调用，装入程序将寻找相应的目标模块并将它装入内存。装入时动态链接有以下两个优点。

① 便于软件版本的修改和更新。在静态链接中目标模块已被装配成一个装入模块，如果要修改或更新其中的某个目标模块，则需要重新打开装入模块，这不仅是低效的，而且有时是不可能的。装入时动态连接方式中目标模块是在装入时才进行链接的，所以要修改或更

新目标模块就非常容易。

　　② 便于实现目标模块共享。装入时动态链接方式中一个目标模块可以被链接到多个应用模块中，实现对该模块的共享。静态链接方式中目标模块是预先链接的，每个应用模块都必须包含该目标模块，无法实现目标模块共享。

　　(3) 运行时动态链接

　　装入时动态链接方式可以将装入模块装入到内存的任何位置，但装入的模块是静态的。装入模块在整个执行期间是不改变的，每次运行时的装入模块都是相同的。实际上，每次要运行的模块可能是不相同的，有些模块根本就不运行，如一些错误处理模块，而如果每次都将全部的目标模块链接在一起，这样效率很低。运行时动态链接可将某些目标模块的链接推迟到执行时才进行，即在执行过程中，若发现一个被调用模块尚未装入内存时，由操作系统去寻找该模块，将它装入内存，并把它链接到调用模块上。

4.1.3　覆盖与对换

　　计算机的物理内存是影响机器性能的关键因素。相对于硬盘空间，内存的容量显得太少，尤其在多任务系统中更是如此。内存扩充能有效地提高机器的整体性能。内存扩充有两种思路：一方面可以从物理上进行扩充，增加内存的存储容量；另一方面也可以利用目前机器中现有的物理内存空间，借助软件技术，实现内存在逻辑上的扩充，通常采用的技术是内存覆盖技术和内存对换技术。

　　1. 覆盖

　　覆盖技术是指让作业中不同时调用的子模块共同使用一个内存区。这样，在程序开始装入时，不必将整个程序全部装入，而先装入部分模块，当运行过程中调用到另外一个模块时，再从外存中调入并且将原来已经运行完成的程序模块覆盖掉，即装入到同一个存储区域。

　　一般来说操作系统不提供对覆盖的特别支持，覆盖的实现需要通过程序员设计和编写的覆盖结构来实现，这要求程序员全面了解程序结构、代码和数据结构。需要使用覆盖的通常都是比较大的程序，小程序无须使用覆盖。程序员要对一个大的程序有足够且完整的理解是比较困难的，因此，覆盖技术的应用通常局限于微处理机和只有有限物理内存且缺乏先进硬件支持的系统中。

　　2. 对换

　　在多道程序环境下，一方面是内存中的某些进程由于某些事件尚未发生而被阻塞运行，但它却仍然占据着大量的内存空间，甚至有时会使内存中的所有进程都被阻塞，而迫使CPU 停下来等待；另一方面在外存上尚有许多作业，因无可用内存空间而不能进入内存运行。显然，这对系统资源是一种严重的浪费，将会直接导致系统吞吐量下降。对换技术能很好地解决这一问题，提高内存利用率。所谓"对换"，是指把内存中暂时不能运行的进程，或暂时不用的程序和数据，换出到外存上，以腾出足够的内存空间，把已具备运行条件的进程，或进程所需的程序和数据，换入内存。自从 20 世纪 60 年代初期出现"对换"技术后，就引起了人们的重视，现在已被广泛地应用于操作系统中。

　　以整个进程为单位的对换称为"整体对换"或"进程对换"，这种对换被广泛应用于分时系统中；如果对换是以"页"或"段"为单位，则分别称为"页面对换"或"分段对换"，又称为"部分对换"，这种对换是实现请求分页及请求分段式虚拟存储管理的基础，"部分对换"将在虚拟存储器中进行介绍。

为了实现进程对换，系统必须能实现下述三方面的功能。

（1）对换空间的管理

在具有对换功能的系统中，通常都把外存分为文件区和对换区两部分。文件区用于存放文件，对换区用于存放从内存中换出的进程。相对于文件区，对换区要求有更高的存取速度，而较少考虑碎片问题，所以通常采用连续分配方式。由于采用了连续分配方式，因而对换区空间的分配与回收，与可变分区存储管理方式相似。

（2）进程的换出

当某些进程需要装入却无足够内存空间时，系统将调用对换程序，将内存中的某些进程调至对换区，以便腾出内存空间。进程换出的过程如下。

① 选择换出的进程。

系统首先选择处于阻塞状态且优先级最低的进程作为换出进程，如果系统中目前无阻塞进程，则选择优先级最低的就绪进程换出。为了防止低优先级进程在被调入内存后，很快又被换出，有的系统在选择换出进程时考虑了进程在内存中的驻留时间。

② 换出过程。

选择了要换出的进程后，系统申请对换空间，如果申请成功，便可以将程序和数据写入对换区，如果在传输中未出现错误，便可以释放该进程所占有的内存，同时修改进程控制块和内存分配表等相关数据结构。

（3）进程的换入

当系统执行换入操作时，便去检查所有进程的状态，从中找出"就绪且换出"的进程。当有多个这样的进程时，首先把其中换出时间最久的进程作为换入进程，再根据进程的大小为其申请内存空间。如果申请内存空间成功，则直接将进程换入；如果申请失败，那就需要再将内存中的某些进程换出，腾出足够的内存空间，再将该进程换入。一个进程成功换入后，如果此时还有可换入的进程，则再执行换入过程换入其余可换入进程，直至无可换入的进程或无可换出的进程为止。

4.2 连续分配存储管理方式

连续分配是指为一个用户程序分配一个连续的内存空间。根据应用范围的不同，连续分配存储管理方式又可以分为以下两种。

1. 单一连续分配方式

单一连续分配方式是一种最简单的存储分配方式，只能用于单用户、单任务的操作系统中。在这种存储管理方式中，内存中仅驻留一道程序，整个用户区被一个用户独占。

2. 分区式分配方式

分区式分配方式是一种较为简单的用于多道程序的存储管理方式。在通常情况下，它又可以进一步分为以下两种方式。

（1）固定分区方式

在这种存储管理方式中，内存的用户区被划分成多个固定大小的区域，每个区域中驻留一道程序。

（2）动态分区方式

在这种存储管理方式中，操作系统根据用户程序的大小，动态地划分内存，每个分区的大小不同，内存用户区被划分的分区数目也是可变的。

4.2.1　单一连续分配管理方式

单一连续分配管理方式，适用于单用户的情况，个人计算机和专用计算机系统都可采用这种存储管理方式。采用单一连续存储管理时，内存分配十分简单，内存空间分为系统区和用户区，系统区存放操作系统常驻代码和数据，用户区全部归一个用户作业所占用。在这种管理方式下，任一时刻内存中最多只有一道程序，各个作业的程序只能按次序一个个地装入内存运行。

为了避免用户程序执行时访问了操作系统所占空间，应将用户程序的执行严格控制在用户区域，称为存储保护，保护措施主要通过硬件实现。硬件提供一个界限寄存器和一个基址寄存器，界限寄存器用于存放该程序的逻辑地址范围，基址寄存器装有程序的最小物理地址。存储管理部件在执行每条指令时，都要将程序中逻辑地址映射为物理地址，即将指令或数据的逻辑地址加上基地址，然后将所形成的物理地址送往存储器。存储管理部件在进行地址映射时，还需要同时检查逻辑地址是否小于界限寄存器的值。若不小于，则表示已越界，将产生一个越界中断请求信号并送往 CPU。地址映射和地址保护如图 4-5 所示。

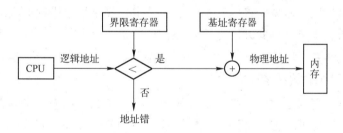

图 4-5　地址映射和地址保护

4.2.2　固定分区存储管理方式

固定分区存储管理又称为定长分区或静态分区模式，是静态地把可分配的主存储器空间分割成若干个连续区域。每个区域的位置固定，但大小可以相同也可以不同，每个分区在任何时刻只装入一道程序执行。

为了便于内存分配，通常将这些分区按大小进行排队，并建立一张分区使用表。表中包含每个分区的起始地址、大小及占用状态，如图 4-6 所示。当需要装入用户程序时，内存分配程序检索分区使用表，从中找出一个能满足要求的、尚未分配的分区分配给用户程序，同时修改分区使用表中该分区的占用状态；若找不到大小足够的分区，则拒绝为该用户程序分配内存。

分区号	大小(KB)	始址(K)	状态
1	8	8	已分配
2	8	16	已分配
3	8	24	可用
4	16	32	已分配
5	16	48	可用
6	64	64	可用

(a) 分区使用表   (b) 存储空间分配情况

图 4-6　固定分区存储管理方式

固定分区存储管理方式是最简单的多道程序存储管理方式。早期的 IBM 操作系统 OS/MFT（multiprogramming with a fixed number of tasks）使用了固定分区存储管理。由于每个分区的大小固定，必然会造成存储空间的浪费，因此现在已很少将它用于通用的计算机中。但在一些控制系统中，由于控制程序是早已编好的，其所需数据也是一定的，故仍采用了这种简单的存储管理方式。

4.2.3　可变分区存储管理方式

可变分区存储管理不是事先将内存空间一次分定，而是根据进程的实际需要，动态地分配连续的内存空间。要实现可变分区存储管理，需要解决以下三个问题：①分区分配中的数据结构；②分区分配算法；③分区的分配和回收操作。

1. 分区分配中的数据结构

在可变分区存储管理方式中，必须配置相应的数据结构，用来记录内存的使用情况，为内存分配和程序运行提供依据。常用的数据结构有空闲分区表和空闲分区链两种。

（1）空闲分区表

在空闲分区表中，每个尚未分配的分区占用一个表项，每个表项包含分区序号、分区始址、分区大小和状态等表目，如图 4-7 所示。

（2）空闲分区链

为了实现对空闲分区的分配和链接，在每个分区的起始部分，设置一些用于控制分区分配的信息，以及用于链接各分区的前向指针；在分区的尾部则设置一个后向指针；通过前向指针和后向指针将所有的空闲分区链接成一个双向链，如图 4-8 所示；在分区的头部和尾部设置状态位和分区大小，当分区分配出去以后，把状态位由 "0" 改为 "1"，并将已分配部分从链表中摘除。

2. 分区分配算法

无论采用空闲分区表或空闲分区链记录内存使用情况，在为一个作业分配存储空间时都必须按照一定的分配算法。常用的分区分配算法有以下四种。

序号	分区大小 (KB)	分区始址 (K)	状态
1	32	64	可用
2	64	128	可用
3	48	200	可用
4	50	320	可用
5	⋮	⋮	⋮

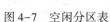

图 4-7　空闲分区表

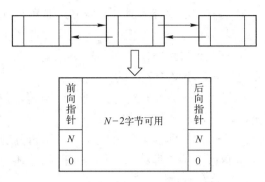

图 4-8　空闲分区链

（1）首次适应算法

首次适应算法把空闲区按地址从小到大排列在空闲分区表（链）中。每次分配时，总是从头顺序查找空闲分区表（链），找到第一个能满足长度要求的空闲区为止。分割这个找到的空闲分区，一部分分配给作业，另一部分仍为空闲区。

这种分配算法优先利用主存低地址空闲分区，从而保留了高地址的大的空闲区，这为以后到达的大作业分配大的内存空间创造了条件。但由于低地址部分不断被分割，势必造成低地址部分有较多难以使用的"碎片"，而每次查找又都从低地址部分开始，这就增加了查找可用空闲分区的开销。

（2）循环首次适应算法

循环首次适应算法每次分配时，总是从上次扫描结束处顺序查找空闲分区表（链），找到第一个能满足长度要求的空闲区为止。分割这个找到的空闲分区，一部分分配给作业，另一部分仍为空闲区。这一算法是最先适应分配算法的一个变种，能使得存储空间的利用率更加均衡，不会导致小的空闲区集中在存储器的一端，但这会缺乏大的空闲分区。

（3）最佳适应算法

最佳适应算法要扫描整个空闲分区表（链），从空闲区中挑选一个能满足作业要求的最小分区进行分配。这种算法可保证不去分割一个更大的区域，使装入大作业时比较容易得到满足。采用这种分配算法时可把空闲区按长度以递增顺序排列，查找时总是从最小的一个区开始，直到找到一个满足要求的分区为止。按这种方法，在回收一个分区时也必须对空闲分区表或空闲分区链重新排列。最佳适应算法找出的分区如果正好满足要求则是最合适的了，但如果比所要求的略大则分割后所剩下的空闲区就很小，以致无法使用。

（4）最坏适应算法

最坏适应算法要扫描整个空闲分区表（链），总是挑选一个最大的空闲区分割给作业使用，其优点是可使剩下的空闲区不至于太小，对中、小作业有利，但这会导致内存中缺乏大的空闲分区。采用这种分配算法时可把空闲区按长度以递减顺序排列，查找时只要看第一个分区能否满足作业要求即可，这样使最坏适应分配算法查找效率很高。

3. 分区的分配和回收

在可变分区存储管理方式中，主要的操作是内存的分配和回收。

（1）内存分配

可变分区存储管理方式中对内存的分配步骤说明如下：

① 当有作业要装入时，系统利用某种分配算法，查找所需的可用空闲分区；

② 若无可用空闲分区，则令该作业等待主存空间；

③ 若找到可用空闲分区，判断该空闲分区减去作业请求分区后所剩余的部分是否大于事先规定的最小剩余分区的大小；

④ 若大于，则从该分区中划分出与请求的大小相等的内存空间并分配出去，余下的部分仍留在空闲分区表（链）中；

⑤ 否则，说明多余部分太小，可不再分割，将整个分区分配给请求者；

⑥ 修改有关数据结构，将分配区的首地址返回给请求者。

（2）内存回收

内存回收时，首先检查是否有邻接的空闲区，如有则合并，使之成为一个连续的空闲区，避免形成许多离散的小分区；然后，修改有关数据结构。内存回收中可能出现以下四种情况。

① 回收分区与插入点之前的一个空闲分区 F1 相邻接，如图 4-9（a）所示。这种情况下应将回收分区与插入点的前一个空闲分区合并，不再为回收分区分配新表项，修改 F1 的大小为两者之和。

② 回收分区与插入点之后的一个空闲分区 F2 相邻接，如图 4-9（b）所示。这种情况下将两个分区合并形成新的空闲分区，但用回收分区的首地址作为新空闲分区的首地址，大小为两者之和。

③ 回收分区同时与插入点的前后两个空闲分区 F1、F2 相邻接，如图 4-9（c）所示。这种情况下将三个空闲分区合并，使用 F1 的首地址作为新空闲分区的首地址，大小为三者之和，同时取消 F2 的表项。

④ 回收分区不与任何空闲分区相邻接，如图 4-9（d）所示。这种情况下应为回收分区单独建立一个新表项，填写回收分区的首地址和大小，并根据其首地址，插入到空闲分区链中的适当位置。

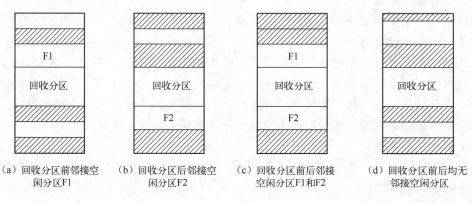

（a）回收分区前邻接空　　（b）回收分区后邻接空　　（c）回收分区前后邻接　　（d）回收分区前后均无
　　闲分区F1　　　　　　　　闲分区F2　　　　　　　　空闲分区F1和F2　　　　　邻接空闲分区

图 4-9　内存回收

4.2.4　可重定位分区分配

1. 紧凑

在可变分区存储管理方式中，必须把一个系统程序或用户程序装入到一个连续的内存空间中。如果在系统中有若干个小的空闲分区，其总容量大于要装入的程序，但由于它们不相邻接，使该程序不能被装入内存。如图 4-10（a）所示，内存中有三个不相邻接的小的空闲分区，其总容量是 90 KB，若有一个作业需要分配 50 KB 的内存空间，但由于必须为其分配一个连续空间，所以此作业无法被装入。

这种情况下可对内存进行"紧凑"，即将内存中的所有作业进行移动，使它们邻接。这样原来分散的多个小的空闲分区就拼接成了一个大的空闲分区，如图 4-10（b）所示，从而就可以把作业装入该区。但由于经过紧凑的用户程序在内存中的位置发生了变化，要使程序能够正确执行，必须对程序和数据的地址进行重定位。

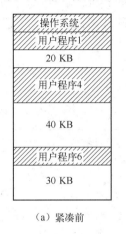 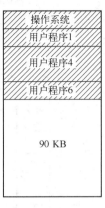

（a）紧凑前　　　　　　　　　　　（b）紧凑后

图 4-10　紧凑

2. 动态重定位

静态重定位程序和数据的地址变换在装入时一次完成，以后不再改变，这不能满足可重定位分区分配方式的需求。动态重定位将程序和数据的地址变换推迟到程序指令真正执行时进行，允许作业在运行过程中在内存中移动，但需要硬件地址变换机构的支持。即在系统中增加一个重定位寄存器，用来存放程序在内存中的起始地址。程序在执行时，真正访问的内存地址是重定位寄存器中的地址加上相对地址的值。

3. 可重定位分区分配算法

可重定位分区分配算法与可变分区存储管理方式的分配算法基本相同，只是在可重定位分区分配中增加了"紧凑"功能，通常是在找不到足够大的空闲分区来满足用户需求时，进行紧凑。经过紧凑操作，程序和数据的地址发生了改变。由于采用了动态重定位方式进行地址变换，所以无须对程序做任何修改，只要用该程序在内存中的新起始地址去置换原来的起始地址即可。

4.3　分页存储管理

用分区分配管理方式的存储器会产生许多"碎片"，虽然可以通过"紧凑"方法将碎片拼接成可用的大块空间，但需要为此付出很大的开销。如果能将一个进程分散地分配到许多不相邻接的分区中，就可以不需要再进行紧凑。基于这一思想的存储管理方式称为离散分配方式。分页存储管理、分段存储管理和段页式存储管理都属于离散分配方式。

4.3.1　页面与页表

1. 页面

在分页存储管理方式中，用户程序的地址空间被划分成若干个大小相等的片，称为"页"或页面。同样地内存空间也被分成与页大小相等的若干存储块，称为物理块或页框。内存分配时可将任意一个空闲的块分配给用户程序的一页，这样用户程序就被分配到了离散的存储空间中。采用分页存储管理方式时，内存的碎片都比较小（不超过一页），有效地提高了内存的利用率。

2. 页表

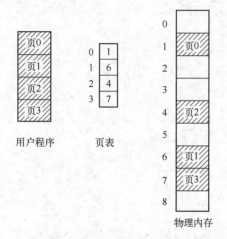

图4-11　页表功能示意图

在分页存储管理方式中，逻辑地址的结构如下所示：

页号 P	位移量 W

进程中的每一页被离散地存储在内存的任一物理块中，为了实现逻辑地址到物理地址的正确转换，保证进程的正确运行，就要求能在内存中找到每个页面所对应的物理块。为此，系统为每个进程建立一张页面映射表，简称页表。在进程地址空间内的所有页从0开始编号，依次在页表中有一个页表项，其中记录了相应页在内存中对应的物理块号。在进程执行时，通过查找页表，就可以找到每页在内存中的物理块号，如图4-11所示。

4.3.2　地址变换

为了能将用户地址空间中的逻辑地址变换为内存空间中的物理地址，在系统中必须设置地址变换机构。由于页内位移量和物理块中的位移量是一一对应的，无须进行转换，因此地址变换机构的主要任务实际上只是将逻辑地址中的页号转换为内存中的物理块号。页表本身就是记录页号与物理块号之间的对应关系的，所以，地址变换任务主要是借助页表来完成的。

1. 基本的地址变换机构

在分页存储管理方式中，对内存的每次访问都要经过页表，因此页表的效率很重要。寄存器有很高的访问速度，页表的功能可以由一组专门的寄存器来实现，一个页表项用一个寄存器实现。但由于寄存器成本较高，而大多数现代计算机的页表都非常大（如一百万个条目），这时采用寄存器来实现页表就不可行了。因而需要将页表存放在内存中，在系统中设置一个页表寄存器，用于存放页表在内存中的起始地址和页表的长度。

当调度程序调度到某进程时，将存放在进程控制块中的页表始址和页表长度装入页表寄存器中。在进程执行期间，若进程要访问某个逻辑地址中的数据时，地址变换机构的工作过程为：

　　① 地址变换机构自动将逻辑地址分为页号和页内地址（页内位移量）；

　　② 检查页号是否越界，如果页号大于或等于页表长度，则表示本次所访问的地址已超越进程的地址空间，并同时发出一个地址越界中断；

　　③ 如果未出现越界错误，则将页表始址与页号和页表项长度的乘积相加，得到该表项在页表中的位置；

　　④ 从页表中检索到该页的物理块号并装入物理地址寄存器中，同时将逻辑地址中的页内地址直接送入物理地址寄存器的块内地址部分；

　　⑤ 物理块号和块内地址组合就产生了要访问的物理地址。

　　地址变换机构的工作过程如图 4-12 所示。

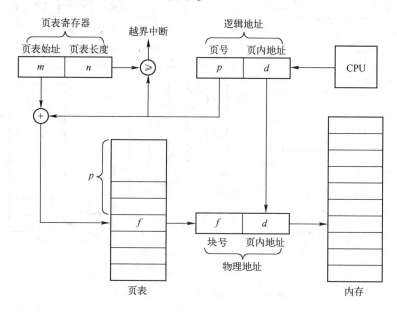

图 4-12　地址变换机构的工作过程

2. 具有快表的地址变换机构

　　由于页表是存放在内存中的，这使 CPU 每次要存取一个数据时，都要两次访问内存。第一次按页号读出页表中对应的物理块号，第二次根据计算出来的绝对地址进行读/写。因此，这使得计算机的处理速度降低了近 1/2。以如此高的代价来换取存储空间利用率的提高，是得不偿失的。

　　为了提高运算速度，可在地址变换机构中，增设一个专用的高速缓冲存储器，用来存放最近访问的部分页表，这种高速存储器称为"联想存储器"（associative memory），也称为TLB（translation lookaside buffer），它成为分页存储器的一个重要组成部分。存放在联想存储器中的页表称为快表。联想存储器的速度快但造价高，一般都是小容量的。根据程序执行局部性的特点，在一段时间内需要经常访问某些页面，若把这些页面登记在快表中，无疑将大大地加快指令的执行速度。

　　由于快表只包含了页表的部分内容，所以与页表相比，快表增加了逻辑页号。有了快表后，物理地址形成过程为：按处理器给出的有效地址中的页号，由地址转换机构查询快表，若该页已登记在快表中，并且符合访问权限，则由块号和页内地址直接形成物理地址；若快表中查询不到对应页号，则再查询主存中的页表来形成物理地址，同时将该页登记到快表中。为了加快地址转换过程，实际上两个查找过程是同时进行的，一旦快表中发现了要查找的页号，则立即停止主存中的页表查找。当快表填满后，又要在快表中登记新页时，则需要在快表中按一定策略淘汰一个旧的登记项。具有快表的地址变换过程如图 4-13 所示。

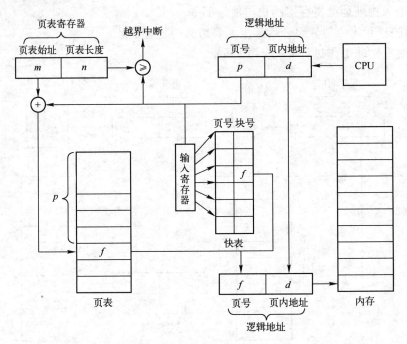

图 4-13　具有快表的地址变换过程

由于成本的关系，联想存储器不可能很大，一般在 64～1024 个条目之间。这对于中小型作业来说，快表可存放整个页表；但对于大型作业，仍只能将一部分页表放入其中。此时，采用联想存储器的效果如何，这主要取决于对快表访问时的命中率。假定访问主存的时间为 100 ns，访问联想存储器的时间为 20 ns，快表访问命中率为 90%，那么按照逻辑地址进行存取的平均时间是：

$$(100+20)\times90\%+(100+100)\times(1-90\%)= 128 \text{ ns}$$

比两次访问主存的时间下降了近四成。

4.3.3　两级和多级页表

目前，大多数计算机系统都支持非常大的逻辑地址空间（$2^{32}～2^{64}$）。在这样的环境下，页表就变得非常大，要占用很大的内存空间。而且页表还要求存放在连续的存储空间中，显然这是不现实的。可以采取以下两种途径解决这一问题：

① 对页表所需的内存空间，采用离散分配方式；
② 只将当前需要的部分页表项调入内存，其余的页表项当需要时再调入。

1. 两级页表

对于支持 32 位逻辑地址空间的计算机系统，如果系统的页大小为 4 KB（2^{12}），那么页表可以拥有 100 万个条目（$2^{32}/2^{12}$）。假设每个条目有 4 B，那么每个进程需要 4 MB 物理地址空间来存储页表本身。显然，人们并不愿意在内存中连续地分配这个页表。一种解决方法就是将页表再分页，形成两级页表，如图 4-14 所示。

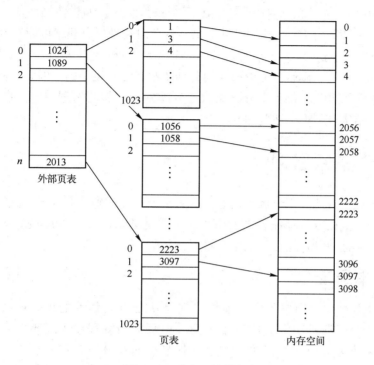

图 4-14　两级页表结构

当一个 32 位系统的页大小为 4 KB，那么逻辑地址被分成 20 b 的页号和 12 b 的页内地址。如果采用两级页表结构，对页表进行再分页，使每个页中包含 2^{10}（即 1024）个页表项，最多允许有 2^{10} 个页表分页，或者说，外层页表中的外层页内地址 p_2 为 10 位，外层页号 p_1 也为 10 位，此时的逻辑地址结构可描述为如下形式：

在页表的每个表项中存放的是进程的某页在内存中的物理块号，如 0 号页存放在 1 号物理块中；1 号页存放在 3 号物理块中。而在外层页表的每个页表项中，所存放的是某页表分页的首地址，如 0 号页表是存放在第 1024 号物理块中。系统可以实现利用外层页表和页表这两级页表，来实现从进程的逻辑地址到内存中物理地址的变换。

对页表进行离散分配的方法，虽然解决了大页表需要大片连续存储空间的问题，但并未解决用较少的内存空间去存放大页表的问题。一种解决方法是把当前所需要的一批页表项调入内存，以后再根据需要陆续调入。对于正在运行的进程，必须将外层页表调入内存，而对页表则只需调入一页或几页，同时在外层页表中增设状态位表征页表是否调入内存。

2. 多级页表

两级页表结构适合 32 位的机器，但是对于 64 位机器，两级页表结构就不再合适了。假设系统页大小为 4 KB（2^{12}），这时页表可由 2^{52} 个条目组成。如果使用两层页表结构，且页表大小还是 2^{10}，则将余下的 42 位用于外层页号，此时在外层页表中可能有 4096×2^{30} 个页表项。即使按照 2^{20} 来划分页表，每个页表分页将达 1 MB，外层页表仍有 4×2^{30} 个页表项，要占用 16 GB 的连续空间。显然，无论如何划分结果都是无法接受的。因此，需要对外层页表再次分页，形成多级页表，将各个分页离散地分配到不相邻的物理块中。事实上，64 位机器使用三级页表结构也是难以适应的。

4.4　分段存储管理

促使存储管理方式从固定分区到动态分区，从分区方式到分页方式发展的主要原因是提高主存空间利用率。而分段存储管理的引入，主要是满足用户（程序员）编程和使用上的要求，这些要求其他各种存储管理技术是难以满足的。

4.4.1　基本原理

在分页存储管理中，用户程序的地址空间是从 0 开始编址的单一连续的逻辑地址空间。虽然操作系统可把程序划分成若干页面，但页面与源程序无逻辑关系，也就难以实现对源程序以模块为单位进行分配、共享和保护。而在分段存储管理中，段是一组逻辑信息的集合。例如，把作业按逻辑关系加以组织，划分成若干段，并按这些段来分配内存，这些段可以是主程序段、子程序段、数据段和堆栈段等。每个段都有自己的名字和长度，为了实现简单，通常用段号代替段名。每个段从 0 开始编址，并采用一段连续的地址空间。段的长度由相应的逻辑信息组的长度决定，因而各段长度不等，加载内存后，段和段之间可以是不连续的。

在分段存储管理中，整个作业的地址空间是二维的，逻辑地址由段号（名）和段内地址组成，如下所示：

段号	段内地址

分段存储管理方式已得到了许多编译程序的支持，编译程序能自动地根据源程序的情况产生若干个段。Pascal 编译器可以为全局变量、用于存储参数及返回地址的过程调用栈、每个过程或函数的代码部分、每个过程或函数的局部变量等分别创建各自的段。Fortran 编译程序可以为公共块建立单独的段，数组也可以作为独立段。这些段在装入时，装入程序会为它们分别分配段号。

分段管理就是将作业的地址空间划分成若干个逻辑段，并且按分段进行存储分配。装入内存时，每个逻辑段占据一块连续的内存空间，但段和段之间可以是不连续的。为了使程序能正常运行，即能从物理内存中找出每个逻辑段所对应的位置。像分页系统那样，在系统中为每个作业建立一张段映射表，简称"段表"。每个段在表中占有一个表项，其中记录了该段在内存中的起始地址（基址）和段的长度，如图 4-15 所示。在配置了段表后，执行中的进程可通过查找段表，找到每个段所对应的内存区。可见，段表实现了从逻辑段到物理内存区的映射。段表可以存放在一组寄存器中，这样有利于提高地址转换速度；但更常见的是将段表放在内存中。

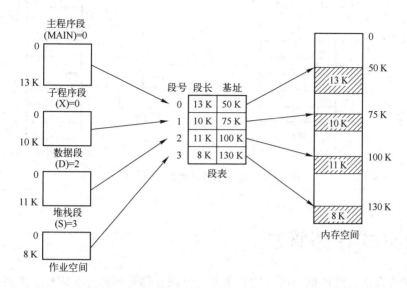

图 4-15　段表与地址映射

4.4.2　地址变换与存储保护

1. 地址变换机构

与分页存储管理类似，为了实现从逻辑地址到物理地址的变换，在分段系统中设置了段表寄存器用于存放段表的始址和段表长度。在地址变换时，系统将逻辑地址中的段号与段表寄存器中的段表长度进行比较，若段号大于或等于段表长度，则表示访问越界，此时产生越界中断；否则表示未越界，系统根据段表的始址和该段的段号，计算出该段对应段表项的位置，从中读出该段在内存的起始地址，然后再检查段内地址是否越界。若未越界则将该段的起始地址与段内地址相加即得到要访问的内存物理地址。地址变换过程如图 4-16 所示。

2. 共享与保护

段是信息的逻辑单位，分段存储管理方式可以方便地实现内存的信息共享，并进行有效的内存保护。在分段系统中，只要在共享段表中设置一个共享段的段表项，就可以实现对段的共享。段的保护是实现段的共享，保证进程正常运行的一种措施。分段存储管理中的保护主要有地址越界保护和存取方式控制保护。

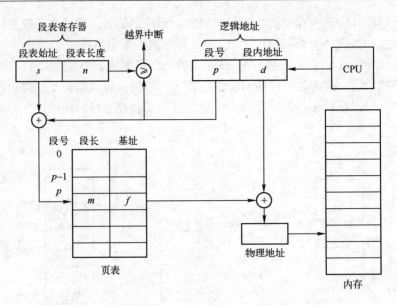

图 4-16　分段系统的地址变换过程

4.5　段页式存储管理

分页存储管理能有效地提高内存的利用率；分段存储管理充分考虑程序的逻辑结构，能有效满足程序员的需要。段页式存储管理方式吸取了分页和分段存储管理两种方式的优点，既考虑了程序的逻辑结构，又实现了内存离散分配的目的。

4.5.1　基本原理

段页式系统的基本原理是分段和分页原理的组合。内存采用分页存储管理方式，将内存划分成大小相等的物理块。用户程序的逻辑空间采用分段方式，按程序的逻辑关系把地址空间分成若干个逻辑段。每个逻辑段按分页存储管理方式分为若干大小相等的逻辑页，页大小等于内存块大小，每个段内的页从 0 开始连续编号。内存的分配以物理块为单位分配给每个进程，段内的页进行离散分配。程序的逻辑地址由段号、段内页号和页内地址构成，如下所示：

段号	段内页号	页内地址

在段页式系统中，为了实现从逻辑地址到物理地址的变换，系统中为每个进程建立一个段表，每个段建立一个页表。段表的内容是页表长度和页表始址。另外，系统还配备了段表寄存器，用于指出段表的长度和段表始址。段页式存储管理中逻辑地址到物理地址的映射如图 4-17 所示。

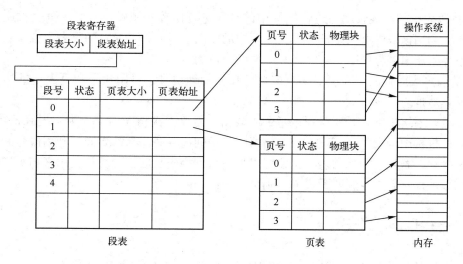

图 4-17　段页式系统中的地址映射

4.5.2　地址变换过程

在段页式系统中，要访问内存，需要访问三次：第一次访问段表，从中取得页表始址；第二次访问页表，取得该页所在的物理块号、物理块号与页内地址形成物理地址；第三次访问才是真正访问内存中的指令或数据。具体的地址变换过程如图 4-18 所示。

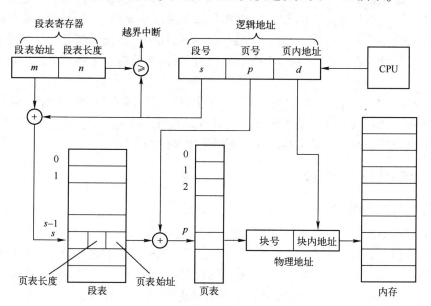

图 4-18　段页式系统中的地址变换过程

段页式存储管理方式中地址变换过程如下。

① 利用段号与段表长度进行比较，若段号小于段表长度，则表示未越界，于是利用段表始址和段号来求出该段对应的段表项在段表中的位置；否则，表示访问越界，产生越界中断。

② 将段表中的页表长度与逻辑地址中的页号进行比较，如果页号小于页表长度，则表示未越界，利用该段的页表始址和逻辑地址中的段内页号获得对应页的页表项位置；否则表示访问越界，产生越界中断。

③ 从该页表对应的页表项中读出该页所在的物理块号，再用块号和页内地址构成访问内存的物理地址。

在段页式系统中，为了获得一条指令或数据，需要三次访问内存。为了提高执行速度，在地址变换机构中增设一个高速缓冲存储器。在访问内存时，都需要同时利用段号和页号去检索高速缓存，若找到匹配的表项，便可以从中得到相应页的物理块号，用来与页内地址一起形成物理地址；若未找到匹配表项，则仍需三次访问内存。

4.6　虚拟存储器

前面介绍的各种存储管理方式都要求在进程执行之前必须全部装入内存。

那么常常会出现以下两种情况：

① 有的作业很大，其所要求的内存空间超过了内存的总容量，作业不能全部装入内存，致使该作业无法投入运行；

② 有大量作业要求运行，但由于内存容量不足以容纳所有这些作业，只能将少数作业装入内存让它们先运行，而将其他大量的作业留在外存上等待。如果从物理上增加内存容量，无疑将增加系统成本。

实际上，一方面作业运行时并非用到其全部程序，如程序中的异常处理代码；另一方面，即使需要完整程序，也并不是同时都需要所有的程序，部分程序可能就执行一次，而它在整个进程运行期间都占用内存空间。这样，将严重地降低内存的利用率，从而显著地减少系统吞吐量。

早在 1968 年 P. Denning 就指出过，程序在执行时将呈现出局部性规律，即在一个较短时间内，程序的执行仅局限于某些部分；相应地，它所访问的存储空间也局限于某些区域。虚拟存储管理方式正是基于局限性原理从逻辑上扩展内存空间。

4.6.1　虚拟存储概述

1. 虚拟存储的定义

基于局部性原理，一个作业在运行之前，没有必要全部装入内存，而仅将那些当前要运行的部分页或段，先装入内存便可以启动运行，其余部分暂时留在磁盘上。程序在运行时如果它所要访问的页（段）已调入内存，便可以继续执行下去；但如果进程所要访问的页（段）尚未调入内存（称为缺页或缺段），此时进程应利用操作系统所提供的请求调页（段）功能，将它们调入内存，以便进程能继续执行下去。如果此时内存已满，无法再装入新的页（段），则还需要利用页（段）的置换功能，将内存中暂时不用的页（段）调出到磁盘，腾出足够的内存空间用于调入要访问的页（段），使进程能继续执行下去。这样便可以在一个较小的内存空间中运行一个大的用户程序；也可使多个进程在内存中并发执行。

从用户的角度看，该系统所具有的内存容量将比实际内存容量大得多，人们把这样的存储器称为虚拟存储器。其逻辑容量由内存和外存容量之和所决定，其运行速度接近于内存速度，而其成本却接近于外存。可见，虚拟存储技术是一种性能非常优越的存储器管理技术，故被广泛应用于大、中、小型计算机和微型机中。

2. 虚拟存储的实现方法

虚拟存储的实现都是建立在离散分配存储管理方式的基础上，目前的实现方法主要有以下两种。

（1）请求分页存储管理方式

请求分页系统是在分页存储管理方式的基础上增加了请求调页功能、页面置换功能所形成的页式虚拟存储系统。程序启动运行时装入部分用户程序页和数据页，在以后的运行过程中，访问到其他逻辑页时，再陆续将所需的页调入内存。请求调页和置换时，需要页表机构、缺页中断机构、地址变换机构等软硬件支持。

（2）请求分段存储管理方式

请求分段系统是在分段存储管理方式的基础上增加了请求调段及分段置换功能而形成的段式虚拟存储系统，只需装入部分程序和数据进程即可启动运行，以后出现缺段时再动态调入。实现请求分段同样需要请求分段的段表机制、缺段中断机构、地址变换机构等软硬件支持。

3. 虚拟存储的特征

虚拟存储具有虚拟性、离散性、多次性及强对换性等特征，其中最重要的特征是虚拟性。

（1）虚拟性

虚拟性是指能够从逻辑上扩充内存容量，使用户所看到的内存容量远大于实际的内存容量，这是虚拟存储器所表现出的最重要的特征，也是虚拟存储器最重要的目标。

（2）离散性

离散性是指内存分配时采用离散分配的方式，没有离散性就不可能实现虚拟存储器。采用连续分配方式，需要将作业装入到连续的内存区域，这样需要连续地一次性申请一部分内存空间，以便将整个作业先后多次装入内存。如果仍然采用连续装入的方式，则无法实现虚拟存储功能，只有采用离散分配方式，才能为它申请内存空间，以避免浪费内存空间。

（3）多次性

多次性是指一个作业被分成多次调入内存运行。作业在运行时，只将当前运行的那部分程序和数据装入内存，以后再陆续从外存将需要的部分调入内存。

（4）对换性

对换性是指允许在作业运行过程中换进换出。允许将暂时不用的程序和数据从内存调至外存的对换区，以后需要时再从外存调入到内存。

4.6.2　请求分页存储管理方式

请求分页存储管理是建立在分页存储管理的基础上，并结合虚拟存储系统原理实现的，是目前常用的一种实现虚拟存储器的方式，它的实现既需要硬件支持，又需要软件支持。请求分页存储管理方式换进换出的基本单位是固定长度的页面。

1. 页表机制

在请求分页存储管理方式中，页表仍然是重要的数据结构，其主要作用是实现用户地址空间中的逻辑地址到内存空间中的物理地址的变换。在虚拟存储中，由于应用程序并没有完全调入内存，所以页表结构根据虚拟存储的需要增加了若干项，如下所示：

页号	物理块号	状态位 P	访问字段 A	修改位 M	外存地址

其中：

① 状态位 P 用于指示该页是否已调入内存，供程序访问时参考。

② 访问字段 A 用于记录本页在一段时间内被访问的次数，或最近多长时间未被访问，供置换算法选择换出页面时参考。

③ 修改位 M 表示该页在调入内存后是否被修改过。由于内存的每一页在外存都有备份，所以在该页被换出时，若该页被修改过，则必须将该页写回外存；若未被修改过，则直接进行覆盖，无须写回。

④ 外存地址用于指出该页在外存上的地址，通常是物理块号，供调入该页时使用。

2. 实现原理

请求分页存储系统将作业信息存放在外存中，当作业运行时，装入一部分页面到内存，并为该进程建立页表。操作系统自动把该进程控制块中的页表始址和页表长度装入页表寄存器中。当进程开始执行并要访问某个逻辑地址时，地址变换机构开始工作，地址变换过程如图 4-19 所示。

首先，检查访问是否越界，如越界则产生越界中断，否则以页号为索引检索快表。如果找到相应的页表项，便修改页表项中的访问位。对于写指令，还需将修改位置为 "1"，然后利用页表项中给出的物理块号和页内地址形成物理地址。地址变换过程到此结束。如果在快表中未找到相应的页表项，则应该再到内存中查找页表，从页表的状态位判断该页是否已经调入内存。如果该页已调入内存，这时应将此页的页表项写入快表，当快表已满时，应先调出按某种算法所确定的页的页表项，然后再写入该页的页表项。如果该页尚未调入内存，这时产生缺页中断，请求操作系统从外存中把该页调入内存。

在缺页中断处理中，首先查看内存是否有可用空间，如有则直接从外存读取该页到内存，并修改页表。如内存中无可用空间，则应先选择一个页面换出，然后再读取所缺页面。

3. 内存分配策略

请求分页存储系统排除了对内存实际容量的约束，能使更多的作业同时多道运行，从而提高了系统的效率，但缺页中断的处理需要付出相当大的代价。由于页面的调入调出要增加 I/O 的负担而且影响系统效率，因此，应尽可能地减少缺页中断的次数。请求分页存储系统中可采取两种分配策略，即固定和可变分配策略。在进行置换时，也可采取全局置换和局部置换两种策略。于是可以组合出以下三种适用的策略。

（1）固定分配局部置换

基于进程的类型（交互型或批处理型等），或根据程序员、系统管理员的建议，为每个进程分配一个固定页数的内存空间，进程运行期间不再改变。该策略中，如果进程发现缺

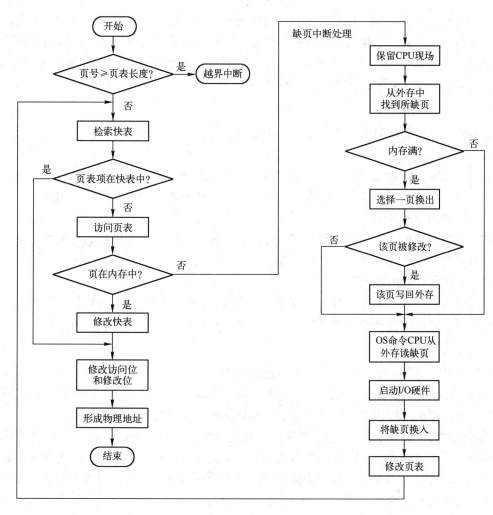

图 4-19　请求分页系统中的地址变换过程

页，则只能从该进程分配的内存页面中选出一页换出，然后再调入所需页。实际上，很难确定应该为一个进程分配多大的内存空间。若太小，则会频繁出现缺页中断的情况，降低了系统的吞吐量；若太大，则内存中驻留的进程数目就会减少，进而可能造成 CPU 或其他资源空闲的情况，而且在实现进程对换时，会花费更多的时间。

（2）可变分配全局置换

采用这种策略时，先为每个进程分配一定数目的物理块，操作系统本身也保持一个空闲物理块队列。当进程出现缺页时，由系统从空闲物理块队列中，取出一个物理块分配给该进程，用于将调入的缺页装入其中。这样，凡是产生缺页的进程，都将获得新的物理块。但当空闲物理块队列中的物理块用完时，操作系统会从内存中选择一页调出，该页可能是系统中任意一个进程的页，这又会使调出页的进程的物理块减少，从而增加了它的缺页率。该策略由于实现比较容易，已被多个操作系统采用。

（3）可变分配局部置换

首先根据进程的类型或程序员的要求，为每个进程分配一定数目的内存空间，但发生缺页时，只允许从进程本身所分配的内存空间中选出一页换出，这样就不会影响其他进程的运行。只有当进程在运行中频繁发生缺页中断时，系统才为该进程分配若干附加的物理块，直到进程的缺页率减低到适当程度为止；相反，如果一个进程在运行过程中的缺页率特别低，则此时可以适当减少分配给该进程的物理块。

4. 内存分配算法

将系统中可供分配的物理块分配给各个进程，可以采用以下几种方法。

（1）平均分配算法

平均分配算法将系统中可供分配的物理块平均分配给各个进程。这种方法没有考虑进程本身的大小，会使某些大的进程频繁出现缺页，而一些小的进程则会存在空闲块。

（2）按比例分配算法

该算法根据进程的大小按比例分配物理块。这种算法没有考虑进程的优先权，可能会导致部分重要的、紧迫的作业不能尽快完成。

（3）考虑优先权的分配算法

该算法通常将内存中可供分配的所有物理块分成两部分：一部分按比例分配给各个进程；另一部分则根据各进程的优先权，适当地增加其相应份额后，分配各进程。

5. 页面置换算法

实现虚拟存储器能给用户提供一个容量很大的存储空间，但当内存空间已装满而又要装入新页时，必须按一定的算法把已在内存的一些页面调出去，这个工作称页面置换。所以页面置换就是用来确定应该淘汰哪页的算法，也称淘汰算法。算法的选择是很重要的，选用了一个不适合的算法，就会出现这样的现象：刚被淘汰的页面又立即要用，因而又要把它调入，而调入不久再被淘汰，淘汰不久再被调入，如此反复，使得整个系统的页面调度非常频繁以至于大部分时间都花在来回调度页面上。这种处理器花费大量时间用于置换页面而不是执行计算任务的现象叫作"抖动"（thrashing），又称"颠簸"，一个好的置换算法应减少和避免抖动现象。

一个好的页面置换算法，应具有较低的页面置换频率。一个理想的替换算法是：当要调入一页而必须淘汰一个旧页时，所淘汰的页应该是以后不再访问的页或是距现在最长时间后再访问的页。这一算法称为最佳置换算法，是由 Belady 于 1966 年提出的一种理论上的算法，该算法可使缺页中断率最低。然而，这一算法是无法实现的，因为在程序运行过程中无法对以后要使用的页面做出精确的断言。不过，这个理论上的算法可以用来作为衡量各种具体算法优略的标准。

最佳置换算法是一种理想化的页面置换算法，下面分别介绍几个比较典型又实用的页面置换算法。

（1）先进先出（FIFO）页面置换算法

先进先出调度算法是一种低开销的页面置换算法，基于程序总是按线性顺序来访问物理空间这一假设。这种算法总是淘汰最先调入内存的那一页，或者说在内存中驻留时间最长的那一页，认为驻留时间最长的页不再被使用的可能性较大。这种算法实现简单，可以在系统中设置一张具有 m 个元素的数组：P[0]，P[1]，…，P[m-1]。其中，每个数组元素 P[i]（i=0，1，…，m-1）存储一个在主存中的页面的页号。假设用指针 k 指示当前调入新页时应淘汰的那一页在页号表中的位置，则淘汰的页号应是 P[k]。每当调入一个新页时，将新页的页号赋值给 P[k]，同时 k=(k+1)mod m。假定主存中已经装了 m 页，k 的初值为 0，那么，第一次淘汰的页号应为 P[0]，而调入新页后 P[0] 的值为新页的页号，k 取值为 1……第 m 次淘汰的页号为 P[m-1]，调入新页后，P[m-1] 的值为新页的页号，k 取值为 0；显然，第 m+1 次页面淘汰时，应淘汰页号为 P[0] 的页面，因为它是主存中驻留时间最长的那一页。

这种算法较易实现，对具有线性顺序特性的程序比较适用，而对其他特性的程序效率不高。因为在主存中驻留时间最长的页面未必是最长时间以后才使用的页面，很可能有最近要被访问的页。也就是说，如果某一个页面要经常被使用，采用 FIFO 算法在一定时间以后就会变成驻留时间最长的页，这时若把它淘汰了，可能立即又要用，必须重新调入。据估计，采用 FIFO 算法，缺页中断率为最佳置换算法的 2~3 倍。

（2）最近最久未使用（LRU）页面置换算法

LRU 算法是一种通用的有效算法，被操作系统、数据库管理系统和专用文件系统广泛采用。该算法淘汰的页面是在最近一段时间里未被访问时间最长的那一页。它是根据程序执行时所具有的局部性来考虑的，即那些刚被使用过的页面，可能马上还要被使用，而那些在较长时间里未被使用的页面，一般来说可能不会马上使用到。

LRU 算法适应性好，但实现起来有相当大的难度，它要求系统具有较多的支持硬件。常用的支持硬件有寄存器和栈。

① 寄存器。

为进程中的每个页设置一个多位寄存器 r 记录各页的使用情况。当页面被访问时，将对应的寄存器的最左边位置 1。每隔时间 t，将 r 寄存器右移一位。在发生缺页中断时，找最小数值的 r 寄存器对应的页面淘汰。例如，r 寄存器共有四位，页面 P0、P1、P2 在 t1、t2、t3 时刻的 r 寄存器内容变化情况如图 4-20 所示。

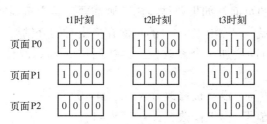

图 4-20 页面寄存器随时间变化情况

在时刻 t3，应该淘汰的页面是 P2。这是因为，同 P1 比较，它不是最近被访问的页面；同 P0 比较，虽然它们在时刻 t3 都没有被访问，且在时刻 t2 都被访问过，但在 t1 时刻 P2 没有被访问。

② 栈。

可利用一个特殊的栈来保存当前使用的各个页面的页面号。每当进程访问某页面时，便将该页面的页面号从栈中移出，将它压入栈顶。因此，栈顶始终是最新被访问页面的编号，而栈底则是最近最久未使用的页面的编号。显然，发生缺页中断时总淘汰栈底所指示的页；而执行一次页面访问后，该页的页面号将会被调整到栈顶。例如，给某作业分配了三块内存，该作业依次访问的页号为：4，3，0，4，1，1，2，3，2。于是当访问这些页时，页面置换情况如图 4-21 所示。

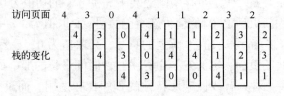

图 4-21　用栈保存当前使用页面时栈的变化情况

（3）Clock 置换算法

虽然 LRU 算法是一种比较好的置换算法，但由于它需要较多的硬件支持，实现起来成本较高，因此在实际应用中，大多采用 LRU 算法的近似算法。Clock 算法就是用得较多的一种 LRU 近似算法。

① 简单的 Clock 置换算法。

利用 Clock 算法时，只需为每页设置一个访问位，再将内存中的所有页面都通过链接指针链成一个循环队列。当某页被访问时，其访问位被置 1。置换算法在选择一页淘汰时，只需检查其访问位。如果是 0，就选择该页换出；若为 1，则重新将它置 0，暂时不换出而给该页第二次驻留内存的机会，再按照 FIFO 算法检查下一个页面。当检查到队列中的最后一个页面时，若其访问位仍为 1，则返回到队首去检查第一个页面。由于该算法是循环地检查各页面的使用情况，故称为 Clock 算法。但因为该算法只有一个访问位，只能用它表示该页是否已经使用过，而置换时是将未使用过的页面置换出去，故又称为最近未用算法。

② 改进型 Clock 算法。

对于一个已修改过的页面，如果要被换出，则需要先将它重新写到磁盘上，而未修改的页面则不需要写回磁盘。显然，修改过的页面在换出时的开销要大于未修改过的页面。在改进型 Clock 算法中为页面增加一个修改位，由访问位 A 和修改位 M 可以组合成下面四种类型的页面。

1 类：最近没有被访问，没有被修改（A=0，M=0）。

2 类：最近没有被访问，但被修改（A=0，M=1）。

3 类：最近被访问，没有被修改（A=1，M=0）。

4 类：最近被访问，也被修改过（A=1，M=1）。

改进型 Clock 算法的执行过程可分成以下三步。

第一步：从指针当前位置开始扫描循环队列。扫描过程中不改变访问位 A，把遇到的第一个 A=0 且 M=0 的页面作为淘汰页面。

第二步：如果第一步失败，再次从原位置开始，查找 A=0 且 M=1 的页面，把遇到的第一个这样的页面作为淘汰页面，而在扫描过程中把指针所扫过的页面访问位 A 置 0。

第三步：如果第二步失败，指针再次回到了起始位置，由于此时所有页面的访问位 A 均已为 0，再转向第一步操作，必要时再做第二步操作，这次一定可以挑出一个可淘汰的页面。

该算法被用于 Macintosh 虚拟存储器中，与简单 Clock 算法比较，可减少磁盘的 I/O 次数。但为了找到一个可置换的页，可能需要经过几轮扫描，实现该算法本身的开销将有所增加。

4.6.3　请求分段存储管理方式

在分页系统基础上建立的虚拟存储器，是以页面为单位进行换入换出的。而在分段的基础上所实现的虚拟存储器，则是以分段为单位进行换入换出。在请求分段系统中，程序运行之前只需先调入部分分段，便可启动运行。当所访问的段不在内存时可请求操作系统将所缺的段调入内存。像请求分页系统一样，为实现请求分段存储管理方式，同样需要一定的硬件支持和相应的软件。

1. 请求分段中的硬件支持

为了实现请求分段存储管理方式，应在系统中配置多种硬件机构，包括段表机制、缺段中断机构及地址变换机构。

（1）段表机制

段表是请求分段存储管理中的主要数据结构，由于应用程序中只有一部分段装入内存，其余的段仍然在外存上，故需在段表中增加若干项，以供程序在调进调出时参考。下面给出了请求分段系统中的段表项。

段名	段长	段基址	存取方式	访问字段	修改位	存在位	增补位	外存始址

在段表项中，为适应虚拟存储需要增加的项目如下。

① 存取方式：用于标识本分段的存取属性是只执行、只读或读/写。

② 访问字段：用于记录该段被访问的频繁程度。

③ 修改位：用于表示该段进入内存后，是否已被修改过。

④ 存在位：指示本段是否已调入内存。

⑤ 增补位：用于表示本段在运行过程中，是否进行过动态增长。

⑥ 外存始址：指示本段在外存中的起始地址。

（2）缺段中断机构

在请求分段系统中，采用的是请求调段策略。即每当进程所要访问的段尚未调入内存时，便由缺段中断机构产生一个缺段中断信号，进入操作系统后由缺段中断处理程序将所需的段调入内存。缺段中断的处理过程说明如下。

① 判断虚段 S 是否在内存中。

② 若不在，则使请求进程处于阻塞状态。

③ 判断内存中是否有连续的能满足要求的空闲区域。

④ 若有空闲区域，则从外存读入段 S，修改段表和内存空区链，唤醒请求进程。

⑤ 若没有空闲区域，判断总的空闲区能否满足。若满足，则将个空闲区拼接，调入段 S，修改段表。若总的空闲区无法容纳，则淘汰一个或多个段，形成一个合适的空闲区，再调入段 S。

缺段中断的处理过程如图 4-22 所示。

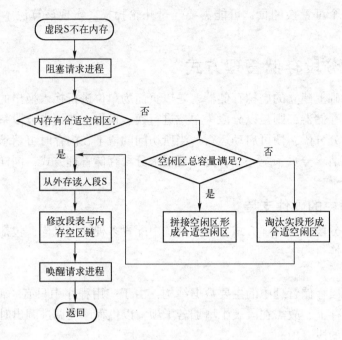

图 4-22　请求分段系统中的中断处理过程

（3）地址变换机构

请求分段系统中的地址变换机构是在分段系统地址变换机构的基础上形成的。由于被访问的段并非全在内存，因此在地址变换时，若发现所要访问的段不在内存时，必须先将所缺的段调入内存，并修改段表，再利用段表进行地址变换。为此，在地址变换机构中又增加了缺段中断处理等功能。变换过程说明如下。

① 有一个要访问的逻辑地址格式为 $[s][w]$，其中，s 为段号，w 为段内偏移量。

② 若 w 的值大于等于段长，则进行越界中断处理。

③ 若 w 的值小于段长，则检查是否为合法的存取方式，若不是，则进行分段保护中断处理。

④ 若以上两种情况都满足，则判断段 s 是否在内存。若在，则修改访问字段等相关段表项，将段基址和偏移量相加形成物理地址。

请求分段存储管理中的地址变换过程如图 4-23 所示。

2. 分段的共享与保护

与分段存储管理方式类似，请求分段系统中，段的共享和保护也是通过段表来实现的。本节将进一步介绍分段的共享与保护。

（1）共享段表

为了实现分段共享，可在系统中配置一张段表，所有共享段都在共享段表中占有一个表项。表项中记录了共享段的段号、段长、内存始址、存在位等信息，并记录有共享此分段的每个进程的情况。共享段表与共享段表项如图 4-24 所示。

共享段表项中增加了用于实现共享的信息。

① 共享进程计数 count。在非共享段中，当进程不再需要该段时，可立即释放该段，并

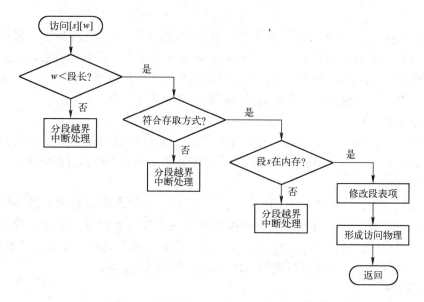

图 4-23　请求分段系统中的地址变换过程

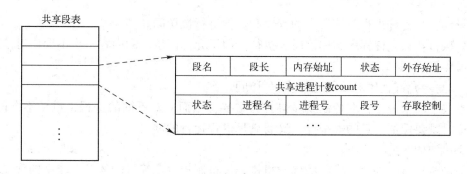

图 4-24　共享段表与共享段表项

由系统回收该段所占用的空间。而共享段只有当所有共享该段的进程全部都不再需要它时，才由系统回收该段所占内存空间。为了记录有多少个进程需要共享该分段，特设置了一个整型变量 count。

② 存取控制。存取控制字段为不同的进程设置不同的存取权限。

③ 段号。对于同一个共享段，不同的进程可以使用不同的段号去共享该段。

（2）共享段的分配与回收

① 共享段的分配。由于共享段是供多个进程共享，因此共享段的内存分配方式和非共享段的内存分配方式是不同的。在分配共享段时，对第一个请求使用该共享段的进程，由系统为该共享段分配一个物理区，再把共享段调入该区，同时将该区的始址填入该进程段表的相应项中，还需在共享段表中增加一个表项，填写有关数据，把 count 置为 1；之后当又有其他进程要调用该共享段时，由于该共享段已被调入内存，故无须再为该段分配内存，而只需在调用进程的段表中增加一个表项，填入该共享段的物理地址即可；在共享段的段表中，填上调用进程名、存取控制等信息，再执行 count = count + 1，表明共享该段的进程增加了

一个。

② 共享段的回收。当共享此段的某进程不再需要它时，应将该段释放，包括取消在该进程段表中共享段所对应的表项，并执行 count＝count－1。若共享进程计数 count 结果为 0，则需由系统回收该共享段的物理内存，并取消在共享段表中该段所对应的表项，表明此时已没有进程使用该段；否则只需取消调用者进程在共享段表中的有关记录。

（3）分段保护

在分段系统中，由于每个分段逻辑上是独立的，并且加载内存后可以分别在不同的区域，因此比较容易实现信息保护。目前常采用以下几种措施来确保信息的安全。

① 越界检查。

在段表寄存器中，存放着段表的长度信息；同样，在段表中也为每个段表设置长度字段。进行访问时，首先将逻辑地址空间的段号和段表长度进行比较，若大于或等于段表长度，则发出越界中断信号；其次，还要检查段内地址是否等于或大于段长，若不小于段长，将产生越界中断信号，从而保证各进程只能访问自己的地址空间。

② 存取控制检查。

在段表的每个表项中，都设置了一个"存取控制"字段，用于规定对该段的访问方式。通常的访问方式有以下几种。

↳ 只读：只允许进程对该段中的程序和数据进行读访问。

↳ 只执行：只允许程序调用该段去执行，但不允许读该段的内容，也不允许对该段执行写操作。

↳ 读/写：允许程序对该段进行读/写访问。

对于共享段来说，存取控制就显得尤为重要，因而应对不同的进程，赋予不同的读/写权限。这时既要保证信息的安全性，又要满足进程运行的需要。

③ 环保护机构。

环保护机构是一种比较完善的保护机构。该机制规定低编号的环具有较高的优先权。操作系统位于 0 环内；某些重要的系统软件占据中间环；而一般的应用程序位于外环。

程序访问和调用遵循以下规则。

↳ 一个程序可以访问驻留在相同环或较低环中的数据。

↳ 一个程序可以调用驻留在相同环或高特权环中的服务。

4.7 本章小结

存储器管理在操作系统中占有重要的地位，存储器管理的目的是方便用户和提高内存利用率。存储器管理的基本任务是管理内存空间、进行虚拟地址到物理地址的变换、实现内存的逻辑扩充、完成内存的共享和保护。随着计算机技术的逐步发展，存储器的种类越来越多，按照其容量、存取速度及在操作系统中的作用，可分为三级存储器：高速缓存、内存和外存。

各种存储管理技术各具特点，在存储分配方式上有静态和动态、固定和可变、连续和非连续之分。所谓静态重定位是指在目标程序运行之前就完成了地址变换。动态重定位是指在目标程序运行过程中实现地址变换。连续性存储分配要求给作业分配一块地址连续的内存空间。非连续性分配是指作业分得的内存空间可以是离散的、地址不连续的内存块。在将逻辑地址变换成物理地址时，固定分区采用的是静态重定位，其他采用的是动态重定位。静态重定位是由专门设计的重定位装配程序来完成，而动态重定位是由硬件地址转换机构来实现的。虚拟存储技术是通过请求调入和置换功能，对内存内外的进程进行统一管理，为用户提供了似乎比实际内存容量大得多的存储器，这是一种性能优越的存储管理技术。在完成信息共享和保护方面，分区分配存储管理方式不能实现共享，分页存储管理方式实现共享较难，但是，分段和段页式存储管理方式就能容易地实现共享。

在进程运行过程中，当实际内存不能满足需求时，就需要进行页面置换，有很多种页面置换算法可以使用。FIFO 是最容易实现的，但性能不是很好，最佳置换算法仅具有理论价值；LRU 是 OPT 的近似算法。但是实现时要有硬件的支持和软件开销。多数页面置换算法，如 Clock 置换算法等都是 LRU 的近似算法。

4.8　习题

1. 可采用哪几种方式将程序装入内存？它们分别适用于何种场合？

2. 存储器管理的基本任务是为多道程序的并发执行提供良好的存储器环境。"良好的存储器环境" 应包含哪几个方面？

3. 动态分区分配的常用内存分配算法有哪几种？比较它们各自的优缺点。

4. 什么叫重定位？如何实现动态重定位？

5. 什么是覆盖？什么是对换？覆盖和对换的区别是什么？

6. 什么是快表？快表的主要功能是什么？

7. 为什么要使用多级页表结构？

8. 与分页存储管理方式相比，分段存储管理方式有什么优点？

9. 为什么要提出段页式存储管理？它与分页存储管理及分段存储管理有何区别？

10. 什么是虚拟存储器？举例说明操作系统是如何实现虚拟存储的。

11. 常用的页面置换算法有哪些？比较它们各自的优缺点。

第5章 设备管理

本章内容提要及学习目标

为了有效地利用设备资源，同时也为用户程序使用设备提供最大的方便，所以由操作系统对系统中的所有设备进行统一的调度和管理。本章将介绍四种 I/O 控制方式、I/O 设备分配中的数据结构、设备驱动程序的处理过程，以及缓冲技术和磁盘调度算法。设备管理是操作系统的重要组成部分，因此，必须认真学习本章，以便更好地掌握操作系统的工作方式。

5.1 设备管理概述

5.1.1 设备的分类

在计算机系统中，除了 CPU 和内存外，其他的大部分硬件设备都称为外部设备。外部设备的种类很多，特性、用途以及操作方式的区别也很大，因此使得操作系统的设备管理变得非常复杂。

外部设备按其所属关系可以分为以下两类。

① 系统设备：是指在系统生成时已登记在系统中的标准设备，如打印机、磁盘等。

② 用户设备：是指在系统生成时未登记在系统中的非标准设备，通常这类设备是由用户提供的，因此该类设备的处理程序也应由用户提供，并通过适当的手段把这些设备介绍给系统，以便系统能对它实施统一的管理。

从资源分配的角度来看，外部设备又可分为以下三类。

① 独享设备。为保证信息传输的连贯性，通常该类设备一经分配给某一作业，就在该作业的运行过程中独占该设备，而其他作业只有等它释放后才能使用。多数的低速 I/O 设备都属于独享设备。

② 共享设备。是指允许若干个用户同时共享的设备。事实上，几个进程或作业可以同时交替地从一台磁盘或磁鼓上读/写信息。共享的效果可获得较高的设备利用率。

③ 虚拟设备。通过 SPOOLing 技术把独享设备改造成为多个用户共享的设备，以提高设备的利用率。

除了上述分类方法外，还可以按设备的使用特性，把外部设备分为存储设备、输入输出（I/O）设备、终端设备及脱机设备等，如图 5-1 所示。在有的系统中，

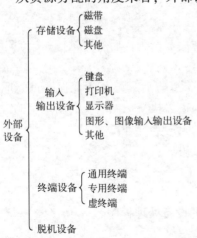

图 5-1 按使用特性对外部设备的分类

还按信息组织方式来划分设备，例如，在 UNIX 系统中把外部设备划分为字符设备和块设备。字符设备就是以字符为单位组织和处理信息的设备，如键盘、打印机等。块设备就是以块为单位组织和处理信息的设备，如磁盘、磁带等。

5.1.2　设备管理的任务与功能

1. 设备管理的主要任务

设备管理是对计算机 I/O 系统的管理，这是操作系统中最具多样性和复杂性的部分，也是操作系统的重要组成部分。设备管理的主要任务包括以下几点。

① 选择和分配 I/O 设备以便进行数据传输操作。

② 控制 I/O 设备和 CPU 或内存之间的数据交换。

③ 提高 CPU 和设备以及设备之间、进程之间的并行操作度，以便操作系统获得最佳效率。

④ 为用户提供一个友好的透明接口，把用户和设备硬件特性分开，使用户不必涉及具体设备，设备就可按用户要求工作。同时，还方便用户开发新的设备管理程序。

2. 设备管理的主要功能

因为设备管理程序直接与物理设备相关，而且不同的计算机系统配置的 I/O 设备不同（其种类、类型、数量都有所不同），因此操作系统中的不同设备管理程序也有很大的差异。为了实现设备管理的主要任务，设备管理程序的主要功能可以归纳为如下几方面。

① 动态地掌握并记录系统中所有设备的状态。系统中的设备很多，这些设备在系统运行期间的状态也各不相同。为了对设备进行管理，系统必须能在任何时间快速地掌握并记录设备的运行情况。在设置有通道的系统中，还应掌握通道、控制器的使用状态。

② 设备分配。按照设备的类型和系统中所采用的分配算法，决定把某个 I/O 设备分配给要求使用该设备的进程。在进行设备分配的同时，还应分配相应的控制器和通道，以保证在 I/O 设备和 CPU 之间有传输信息的通路。凡是没有分配到所需设备的进程，应排成一个等待序列。

③ 设备控制。设备控制是设备管理的另一功能，它包括设备驱动和设备中断处理，具体的工作过程是在设备处理的程序中发出驱动某设备工作的 I/O 指令后，再执行相应的中断处理。

④ 完成实际的 I/O 操作。当系统把设备分配给某一个进程后，设备管理程序首先应该根据用户提出的 I/O 请求构成相应的 I/O 程序，提供给通道去执行。然后，启动指定的设备进行 I/O 操作。最后，对通道发来的中断请求做出及时的响应和处理。

设备管理程序为实现上述基本功能，通常由以下程序组成：

① I/O 交通管理程序；

② I/O 调度程序，即设备分配程序；

③ I/O 设备处理程序，通常每类 I/O 设备都有自己的设备处理程序。

5.1.3 I/O 系统

在计算机系统中，输入输出系统简称为 I/O 系统，是整个计算机系统中最具有多样性和复杂性的部分。I/O 系统包括 I/O 设备和 I/O 设备与处理机的连接，它完成 CPU 与外部系统的信息交换，是计算机系统的重要组成部分。

1. I/O 设备

在计算机系统中，I/O 设备是计算机系统的重要组成部分。输入设备是能将程序、原始数据、操作命令传送给 CPU 的设备；输出设备则是将处理的中间数据和最终结果记录或显示出来的设备。

I/O 设备的类型繁多，从操作系统的观点看，它的重要性能指标有：设备的使用特性、数据传输速率、数据的传输单位等。因而可从不同角度对它们进行分类。

（1）按设备的使用特性

① 存储设备。也称外存或辅助存储器，是计算机系统用以存储信息的主要设备。该类设备存取速度较内存慢，但容量比内存大得多，相对价格也便宜。

② 输入输出设备。输入输出又可分为输入设备、输出设备和交互式设备。输入设备用来接收外部信息，如键盘、鼠标、扫描仪、视频摄像、各类传感器等。输出设备是用于将计算机加工处理后的信息送向外部的设备，如打印机、绘图仪、显示器、数字视频显示设备、音响输出设备等。交互式设备则是集成上述两类设备，利用输入设备接收用户命令信息，并通过输出设备（主要是显示器）同步显示用户命令以及命令执行的结果。

（2）按传输速率

① 低速设备。这是指其传输速率仅为每秒几字节至数百字节的一类设备。典型的低速设备有键盘、鼠标、语音的输入和输出等设备。

② 中速设备。这是指其传输速率在每秒数千字节至数十万字节的一类设备。典型的中速设备有行式打印机、激光打印机等。

③ 高速设备。这是指其传输速率在数百千字节至数吉字节的一类设备。典型的高速设备有磁带机、磁盘机、光盘机等。

（3）按信息交换的单位

① 块设备。这类设备用于存储信息。由于信息的存取总是以数据块为单位，故而得名。它属于有结构设备。典型的块设备有磁盘、磁带等。磁盘设备的传输速率较高，通常每秒为几兆位。磁盘设备在输入输出时常采用直接存储器访问 DMA I/O 控制方式。

② 字符设备。这类设备用于数据的输入和输出，其基本单位是字符，故称为字符设备。它属于无结构类型。字符设备的种类繁多，如交互式终端、打印机等。字符设备的传输速率较低，通常为几字节至数千字节。字符设备在输入输出时，常采用中断驱动 I/O 控制方式。

2. 设备控制器

I/O 设备控制器是计算机 I/O 控制系统中直接与外围设备连接的功能部件，又称外围设备控制器。I/O 设备控制器主要是管理处理机与外围设备之间的数据传送。常见的 I/O 设备控制器有卡式控制器、行式打印机控制器、磁带控制器和磁盘控制器等。

（1）I/O 设备控制器的类型

按照控制器的数据传输能力，可以把 I/O 设备控制器分为四类：

① 单 I/O 设备控制器。它只能连接一台外围设备。

② 多路选择 I/O 设备控制器。它能控制多台外围设备，但只有一个数据通路。

③ 多路交叉 I/O 设备控制器。它能控制多台外围设备，且有多个数据通路。多台外围设备可以同时交换数据。

④ 带有内部数据通路的综合型 I/O 设备控制器。它能控制多台不同类型的外围设备，并具有内部数据通路。这种内部通路可以根据处理机送来的命令组织各种外围设备之间进行互相通信。

（2）I/O 设备控制器的基本功能

① 提供处理机与各种外围设备之间的数据传送路径。

② 控制处理机与各种外围设备以及外围设备与外围设备之间的并行操作。

③ 控制外围设备的各种动作，如启动、停止、走纸等。

④ 向处理机报告外围设备的状态。

⑤ 缓冲数据，在一定时间间隔内平衡处理机与外围设备之间的数据流量。

⑥ 组织对外围设备的检错和维护。

3. I/O 通道

I/O 通道是主存储器与外围设备之间信息传输所使用的物理通道。它能同时管理多台外围设备的工作和信息传输，以减少主机直接对外围设备的管理，实现数据处理和传输的并行工作。I/O 通道一般可分为两类：输入通道和输出通道。只用于数据输入的通道叫作输入通道，而只用于数据输出的通道叫作输出通道。由于外围设备种类很多，传输速度和方式也各不相同，为了提高效率，可采用不同的通道结构。

5.2　I/O 控制方式

设备管理的主要任务之一就是控制设备和内存或设备和 CPU 之间的数据传送，即对设备进行 I/O 控制。随着计算机技术的快速发展，I/O 控制方式也在不断发生变化，但它的目标始终是：减少主机对 I/O 控制的干预，让主机更多地去完成数据处理任务。

I/O 控制主要有四种方式，分别是程序 I/O 方式、中断驱动 I/O 控制方式、直接存储器访问 DMA I/O 控制方式和 I/O 通道控制方式。

5.2.1　程序 I/O 方式

程序 I/O 方式是指由用户进程直接控制内存或 CPU 和外围设备之间进行信息传送的方式。通常又称为状态驱动输入输出方式或应答输入输出方式。这种方式的控制者是用户进程。

在数据传送过程中，I/O 控制器是一个必不可少的硬件设备。I/O 控制器由控制状态寄存器和数据缓冲寄存器组成，主要用来接收 CPU 的命令，并控制 I/O 设备进行实际的输入输出操作。

控制状态寄存器是用来控制设备状态的寄存器。它有几个重要的信息位：启动位、完成位和忙位等。"启动位"表示设备是否可以立即开始工作，置"1"时表示可以开始工作。

"完成位"表示外围设备是否完成一次操作,置"1"时表示外围设备已完成。"忙位"则用来表示设备是否处于忙碌状态,置"1"时表示设备处于忙碌状态。

数据缓冲寄存器是进行数据传送的缓冲区。当输入数据时,先将要输入的数据送入到数据缓冲寄存器中,然后由 CPU 从数据缓冲寄存器中取走数据。当输出数据时,先将要输出的数据送入到数据缓冲寄存器中,然后由输出设备将其从数据缓冲寄存器中取走,进行相应的输出。下面通过键盘的例子讲述程序 I/O 方式的工作过程。

① CPU 向键盘的控制器发一条输入命令,启动键盘进行输入操作,并将状态寄存器的"忙/闲位"置 1,表示忙。

② CPU 运行程序不断测试状态寄存器的完成位,看键盘是否完成了输入。直到键盘已将数据输入到了键盘控制器的数据寄存器中,状态寄存器的完成位变为"1"时,CPU 才停止测试。

③ CPU 取走数据寄存器中的输入数据。

程序 I/O 方式虽然比较简单,也不需要多少硬件的支持,但它的缺点也非常明显:

① CPU 在一段时间内只能和一台外围设备交换数据信息,因此,外围设备的利用率大大降低。

② 由于 CPU 的处理速度要大大高于外围设备的数据传送和处理速度,而 CPU 和外围设备只能串行工作,所以 CPU 的大量时间都处于等待和空闲状态。因此,CPU 的利用率大大降低。

③ 程序 I/O 方式只适用于那些 CPU 执行速度较慢而且外围设备较少的系统。

5.2.2　中断驱动 I/O 控制方式

为了减少程序 I/O 方式中 CPU 的等待时间,解决外围设备利用率低的问题,提高 CPU 和外围设备的利用率以及系统的并行工作程度,于是出现了中断驱动 I/O 控制方式。中断驱动 I/O 控制方式被用来控制外围设备和内存或 CPU 之间的数据传送。这种方式要求 CPU 与设备控制器之间增加相应的中断请求线,而且在 I/O 控制器的控制状态寄存器中有相应的"中断允许位"。

中断驱动 I/O 控制方式下的数据输入过程如下。

① 首先,当进程需要数据时,通过 CPU 发出指令启动外围设备准备数据,并将中断允许位的控制字写入设备控制状态寄存器中。

② 在启动设备之后,该进程放弃处理机,等待输入的完成。操作系统进程调度程序调度其他就绪进程占据处理机。

③ 当输入完成时,I/O 控制器通过中断请求线向 CPU 发出中断请求信号,CPU 在接收到中断信号之后,转向中断处理程序。

④ 中断处理程序接收到信号之后,首先保护现场,然后把输入缓冲寄存器中的数据传送到某一特定单元中去,同时将等待输入完成的那个进程唤醒,进入就绪状态,最后恢复现场,并返回到被中断的进程继续执行。

⑤ 以后某个时刻,进程调度程序选中提出的请求并得到获取数据的进程,该进程从约定的内存特定单元中取出数据继续工作。

中断驱动 I/O 控制方式下数据的处理过程可由图 5-2 表示。

下面以键盘输入为例详细介绍中断驱动 I/O 控制方式下的数据输入步骤。

① CPU 把启动位和中断允许位为 1 的控制字写入键盘控制状态寄存器中，启动键盘（当中断允许位为 1 时，中断程序可以被调用）。

② 进程等待键盘输入完成（进入等待队列），由进程调度程序调度其他就绪进程使用 CPU。

③ 键盘启动后，当数据寄存器装满，键盘控制器通过中断请求线向 CPU 发出中断信号。

④ CPU 暂停正在进行的工作，转向执行中断处理程序。取出数据寄存器中的输入数据送到内存特定单元，并将等待输入完成的进程唤醒。

⑤ 中断处理程序完毕，CPU 返回断点继续执行。

⑥ 以后某个时刻，进程调度程序选中正处于就绪状态的那个进程，该进程从特定内存单元中取出所需的数据继续工作。

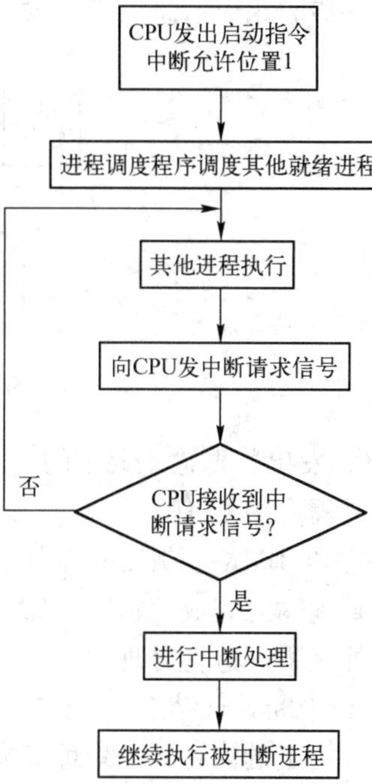

图 5-2　中断驱动 I/O 控制方式下数据的处理过程

在中断驱动 I/O 控制方式中，CPU 也可以发出启动不同设备的启动指令和中断允许指令，做到设备与设备之间的并行操作以及设备与 CPU 之间的并行操作。

尽管中断驱动 I/O 控制方式与程序 I/O 方式相比，CPU 无须等待数据传输完成，I/O 设备与 CPU 可以并行工作，CPU 的利用率因此也大大提高。但 CPU 在响应中断后，还需要时间来执行中断服务程序，如果数据量大，需要多次执行中断程序，CPU 的效率仍然不高。为解决这一问题，又产生了直接存储器访问（direct memory access，DMA）I/O 控制方式和 I/O 通道控制方式。

5.2.3　直接存储器访问 I/O 控制方式

直接存储器访问 I/O 控制方式又称为 DMA 方式，这种方式是在外部设备和主存之间建立了直接数据通路，即外围设备和主存之间可直接读/写数据，且数据传送的基本单位是数据块。

在直接存储器访问 I/O 控制方式中，整块数据的传输是在 DMA 控制器的控制下完成的。DMA 控制器除了有控制状态寄存器和数据缓冲寄存器外，还增加了传送字节计数器和内存地址寄存器等。DMA 控制器可用来代替 CPU 控制内存和外围设备之间进行成批的数据交换。数据传输期间无须 CPU 干预，仅在传送一个或多个数据块的开始和结束时，才需要中断 CPU，请求干预。DMA 控制器与其他部件的关系如图 5-3 所示。

直接存储器访问 I/O 控制方式下的数据输入处理过程说明如下。

① 当某一进程要求设备输入数据时，CPU 把准备存放输入数据的内存的开始地址及要传送的字节数据分别送入 DMA 控制器中的内存地址寄存器和传送字节计数器，并对控制状

态寄存器的相应信息位进行设置，启动设备进行批量的数据输入。

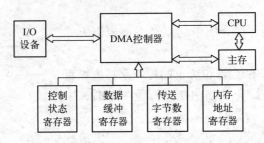

图 5-3　DMA 控制器与其他部件的关系

② 发出数据输入要求的进程进入等待状态，等待数据输入的完成，进程调度程序调度其他进程占用 CPU。

③ 在 DMA 控制器的控制下，输入设备不断地将所有数据缓冲寄存器中的数据输入到内存，直到输入完成。这时，DMA 控制器通过中断请求线发出中断信号，CPU 接收到后转入中断处理程序进行处理。

④ 中断处理结束时，CPU 返回被中断进程处继续执行。当该进程再次被调度时，该进程将按指定的内存开始地址和实际传送的数据对输入数据进行加工处理。

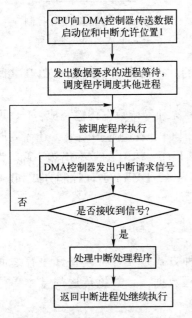

图 5-4　直接存储器访问 I/O 控制方式的数据传送处理过程

直接存储器访问 I/O 控制方式的数据传送处理过程如图 5-4 所示。

直接存储器访问 I/O 控制方式较之中断驱动 I/O 控制方式，大大减少了 CPU 进行中断的次数，提高了 CPU 的使用效率。这是因为中断驱动 I/O 控制方式是在数据缓冲寄存器满后发出中断请求，要求 CPU 进行处理，而直接存储器访问 I/O 控制方式则是在所要求传送的数据块全部传送结束后才要求 CPU 进行中断处理的。并且中断驱动 I/O 控制方式的数据传送是在中断处理时由 CPU 完成的，而直接存储器访问 I/O 控制方式则不需要经过 CPU，而是在 DMA 控制器的控制下完成的。这样就避免了因速度不匹配或因并行操作设备过多造成的数据丢失现象的发生。

虽然直接存储器访问 I/O 控制方式比以前两种方式有明显的进步，但它仍存在一定的局限性。首先，每一台外围设备的 DMA 都需要 CPU 的 I/O 指令初始化，浪费 CPU 时间。其次，由于 DMA 控制器实际上是使用占用 CPU 工作周期的方法进行工作的，它工作时，CPU 将被挂起。如果众多外部设备都采用直接存储器访问 I/O 控制方式工作，接连不断地占用周期，则会使 CPU 长时间被挂起，从而降低了 CPU 的效率。最后，如果外围设备数量众多，配置 DMA 控制器，则硬件的成本过大。因此，在大中型计算机系统中，除了设置 DMA 器件之外，还设置专门的硬件装置，即通道。

5.2.4 I/O 通道控制方式

I/O 通道控制方式也是一种内存和设备直接进行数据交换的方式，这与直接存储器访问 I/O 控制方式相类似。但在 I/O 通道控制方式中，数据传送方向、存放数据的内存开始地址以及传送的数据块长度均由通道进行控制，并且在 I/O 通道控制方式中，一个通道可以控制多台设备与内存进行数据交换，这和直接存储器访问 I/O 控制方式相比较，不仅减轻了 CPU 的工作负担，还大大提高了 CPU 的效率，节约了成本。

通道是一个独立于 CPU 的专门负责输入输出控制的处理机，它和设备控制器一起控制设备与内存直接进行数据交换。通道的功能主要有以下几点。

① 接受 CPU 的 I/O 指令，按指令要求与指定的外围设备进行联系。

② 从主存取出属于该通道程序的通道指令，经译码后向设备控制器和设备发送各种命令。

③ 在主存和外围设备之间传送数据。

④ 把从外围设备获得的设备的状态信息，形成并保存为通道本身的状态信息，根据要求将这些状态信息送到主存的指定单元，供 CPU 使用。

⑤ 将外围设备的中断请求和通道本身的中断请求按次序及时报告 CPU。

通道有自己的一套简单的指令系统，称为通道指令。每条通道指令规定了设备的一种操作，通道指令序列便是通道程序，通道执行通道程序来完成规定的动作。通道指令一般包括操作码、内存地址、计数段、内存地址段（数据传送时的首地址）以及通道结束标志和记录结束标志。通道指令在进程要求数据时由系统自动生成。例如下面两条记录：

Write   0   0   100   1820

Write   1   1   100   620

这是两条常见的通道指令，表示把一个记录的 200 个字符分别写入从内存地址 1820 开始的 100 个单元和从 620 开始的 100 单元中。

通道指令一般包含被传送数据的传送方向、数据块长度、在内存中的首址以及被控制的 I/O 设备的地址信息等。如果在通道中没有存储部件，通道指令将放在内存中。

按照信息交换方式的不同，一个系统中可以设立三种不同类型的通道。这三种通道分别是字节多路通道、数组多路通道和选择通道。

① 字节多路通道：以字节为传输单位，可以分时地执行多个通道程序。这是一种简单的共享通道，主要为多台低速或中速的字符设备服务。

② 数组多路通道：以块为单位传送数据，它分时地为多台外围设备服务，每个时间片传送一个数据块。它可以同时连接多台高速存储设备，因此，能够充分发挥高速通道的数据传输能力。

③ 选择通道：用开关来控制对高速外围设备的选择，在一段时间内单独为一台外围设备服务，直到该设备的数据传输工作全部结束，然后通道再选择另一台外围设备为其提供服务。它具有传送速度快的特点，因而用来连接高速外围设备。

这三种通道方式的数据传送结构如图 5-5 所示。

I/O 通道控制方式的数据传送过程如下。

① 当要进行数据输入时，CPU 会根据进程的 I/O 请求发指令指明 I/O 操作、设备号和

对应通道，形成有关通道程序，然后执行 I/O 指令启动通道。

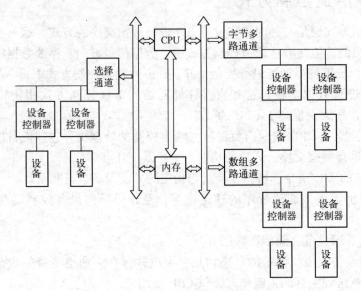

图 5-5   通道方式的数据传送结构

② 通道处理机开始运行 CPU 存放在主存中的通道程序，独立负责外围设备和主存之间的数据传送。当整个 I/O 过程结束时，才向 CPU 发出中断请求。

③ CPU 响应中断，进行关闭通道、记录相关数据等工作。

采用通道方式，CPU 基本上摆脱了 I/O 传输工作，实现了 CPU 和通道的并行操作以及通道和通道之间的并行操作，大大增强了 CPU 和外围设备的并行处理能力，有效地提高了整个系统的资源利用率。

5.3   缓冲技术

因为缓冲技术提高了 I/O 设备的速度和利用率，因此在现代操作系统中，几乎所有的 I/O 设备在与内存交换数据时，都使用了缓冲区。

5.3.1   缓冲技术的引入

虽然设备和设备、设备和 CPU 之间由于中断驱动 I/O 控制方式、直接存储器访问 I/O 控制方式和 I/O 通道控制方式而得以并行工作，但很多因素仍然制约了计算机系统性能的进一步提高，并限制了系统的应用范围，因此在操作系统中引入了缓冲技术。总结引入缓冲技术的原因，主要有以下几点。

1. 缓和 CPU 与 I/O 设备间速度不匹配的矛盾

由于 CPU 输出数据的速度大大高于打印机的打印速度。因此，当有大量的阵发性数据输出到打印机上打印时，CPU 只好停下来等待。当没有数据输出时，打印机又因无数据输出而空闲无事，这样就造成了资源的浪费。在设置了缓冲区之后，计算进程可以首先把要输出的数据输出到缓冲区中，而打印机则可以从缓冲区中取出数据慢慢打印。

2. 减少对 CPU 的中断次数

如果从外围设备来的数据仅有一位缓冲寄存器来接收，则每收到一位数据时就要中断一次，如果缓冲寄存器是一个 16 位的，则可等到 16 位的缓冲区装满之后再向处理机发一次中断，这样就能使中断次数降低 16 倍，这将大大减少处理机的中断处理时间。很明显，用缓冲技术可以减少对 CPU 的中断次数。

3. 提高 CPU 和 I/O 设备之间的并行性

引入缓冲后，在输入数据时，输入设备一边将数据输入到缓冲区中，CPU 一边从缓冲区中取出数据进行计算；在输出数据时，CPU 也可一边进行计算工作，一边把计算好的数据放入缓冲区，输出设备可将缓冲区中的数据取出慢慢打印。很明显，缓冲的引入不仅提高了 CPU 和 I/O 设备的并行性，也提高了系统的效率和设备的利用率。

5.3.2　缓冲的种类

根据系统设置缓冲器的个数，可以把缓冲技术分为单缓冲、双缓冲、多缓冲及缓冲池。

1. 单缓冲

单缓冲是操作系统提供的最简单的一种缓冲形式。它是在设备和处理机之间设置一个缓冲器，每当一个进程发出一个 I/O 请求时，操作系统便在主存中为其分配一个缓冲区，该缓冲区用来临时存放要输入输出的数据。

单缓冲方式由于只有一个缓冲区，这一缓冲区在某一时刻只能存放输入数据或输出数据，不能既是输入数据又是输出数据，否则在缓冲区中的数据会引起混乱，所以此缓冲区可以认为是临界资源，不允许多进程同时访问它。因此，尽管单缓冲能匹配设备和处理机的处理速度，但设备和设备之间不能通过单缓冲达到并行操作。

2. 双缓冲

解决设备与设备之间并行工作的最简单的办法是设置双缓冲。有了两个缓冲器之后，CPU 可把要输出的数据放入其中一个缓冲区，让输出的设备慢慢输出；然后，又可以从一个终端设备设置的缓冲区中读取所需要的输入数据。

在双缓冲的系统中，可以为输入或输出设置两个缓冲区。当进程要求输入数据时，首先输入设备可以将数据送往缓冲区 1，然后进程从缓冲区 1 中取出数据进行计算，在进程从缓冲区 1 中取数据的同时，输入设备又可向缓冲区 2 送入数据。当缓冲区 1 中的数据被取完时，进程又可从缓冲区 2 中提取数据，与此同时输出设备可以将数据送往缓冲区 1，进程从缓冲区 1 中提取数据进行计算。在此方式中，输入设备和输出设备可以并行工作。

双缓冲方式和单缓冲方式相比，虽然能进一步提高 CPU 和外围设备的并行程度，并能使输入设备和输出设备并行工作，但在实际的操作系统中则很少采用这种方式，这是因为计算机系统的外围设备较多，而且双缓冲很难匹配设备和 CPU 的处理速度。因此，现代计算机系统中一般使用多缓冲或缓冲池结构。

3. 多缓冲

多缓冲是把多个缓冲区连接起来组成两部分，一部分专门用于输入，另一部分专门用于输出的缓冲结构。单缓冲、双缓冲和多缓冲的工作方式如图 5-6 所示。

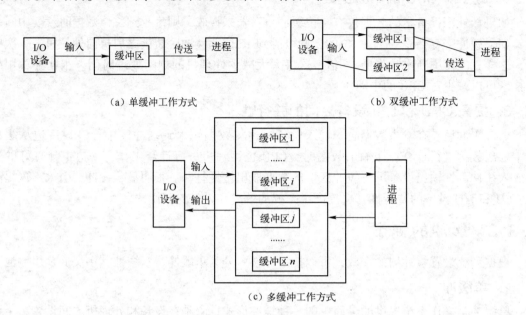

（a）单缓冲工作方式　　　　　（b）双缓冲工作方式

（c）多缓冲工作方式

图 5-6　单缓冲、双缓冲和多缓冲的工作方式

4. 缓冲池

从自由主存中分配一组缓冲区即可构成缓冲池。缓冲池由多个缓冲区组成，而一个缓冲区由缓冲首部和缓冲体两部分组成。缓冲首部是用于管理和标识该缓冲区的，对缓冲池的管理就是通过对每一个缓冲器的缓冲首部进行操作实现的；而缓冲体则用于存放数据。缓冲首部和缓冲体有一一对应的关系。

缓冲池中的缓冲区一般有以下三种类型：空闲缓冲区、装输入数据的缓冲区和装输出数据的缓冲区。系统把各缓冲区连成以下三种队列：

空闲缓冲队列 emq，队首指针为 F(emq)，队尾指针为 L(emq)；

装输入数据的输入缓冲队列 inq，队首指针为 F(inq)，队尾指针为 L(inq)；

装输出数据的输出缓冲队列 outq，队首指针为 F(outq)，队尾指针为 L(outq)。

队列结构如图 5-7 所示。

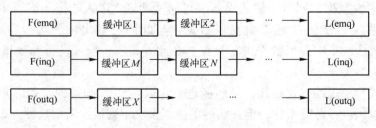

图 5-7　缓冲区队列

系统从这三种队列中申请和取出缓冲区，并用得到的缓冲区进行存取数据的操作。在存取数据结束之后，再将缓冲区放入相应的队列。这些缓冲区叫作工作缓冲区。在缓冲池中缓冲区有四种工作方式，分别是收容输入、提取输入、收容输出和提取输出。这四种工作方式

又对应了以下四种工作缓冲区。

① 收容输入缓冲区 him：用于收容设备输入数据；

② 提取输入缓冲区 sin：用于提取设备输入数据；

③ 收容输出缓冲区 hout：用于收容 CPU 输出数据；

④ 提取输出缓冲区 sout：用于提取 CPU 输出数据。

缓冲池的工作缓冲区如图 5-8 所示。

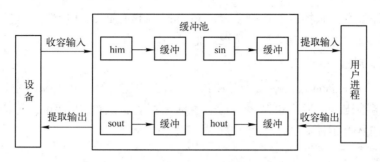

图 5-8 缓冲池的工作缓冲区

5.4 I/O 设备分配

由于外围设备、设备控制器、通道等资源有限，对多个请求使用设备的进程，不是每一个进程都能随时随地地使用这些设备的。进程必须首先向设备管理程序提出资源申请，然后由设备分配程序根据相应的分配算法为进程分配设备，直到所需的设备被释放。因此，设备管理应能合理、有效地进行设备的分配。

5.4.1 设备分配中的数据结构

在进行设备分配时要有相应的数据结构，数据结构是由表格的形式体现的。在表格中记录了相应设备或控制器的状态以及对设备或控制器进行控制所需的信息。在进行设备分配时所需的数据结构表格有设备控制表、控制器控制表、通道控制表、系统设备表等。系统通过这些数据结构对各种设备进行记录，再配合适当的分配策略和算法，就能实施有效的设备分配。只有当一个进程经过系统的设备分配，获得了通道、控制器和所需设备后，才具备了进行 I/O 操作的物理条件。

1. 设备控制表

设备控制表（device control table，DCT）是用来反映设备的特性、设备和 I/O 控制器的连接情况的。设备控制表包括设备标识符、设备状态、设备地址或设备号等。系统为每一个设备都配置了一张设备控制表，这个表是动态的，在系统生成时或在该设备和系统连接时创建，表中的内容可以根据系统的执行情况进行动态修改。设备控制表中主要包括以下内容。

① 设备标识符：用来区别设备。

② 设备类型：用来反映设备特性。

③ 设备状态：显示设备的"忙-闲"状态。

④ 设备地址或设备号：地址可以和内存统一编址，也可以单独编址。

⑤ 等待队列指针：等待使用该设备的进程组成等待队列，其队首和队尾指针存放在设备控制表中。

⑥ I/O 控制器指针：该指针指向该设备所连接的 I/O 控制器的控制表。在具有多条通道的情况下，一个设备将与多个 I/O 控制器相连接。此时，在设备控制表中还应设置多个 I/O 控制器表指针。

2. 控制器控制表

每个控制器都有一张控制器控制表（controller control table，COCT），它是用来反映 I/O 控制器的使用状态以及和通道的连接情况等信息的。

3. 通道控制表

通道控制表（channel control table，CHCT）只在通道控制方式的系统中存在，每个通道都配有一张通道控制表。通道控制表包括通道标识符、通道忙/闲标识、等待获得该通道的进程等待队列的队首指针与队尾指针等。

4. 系统设备表

整个系统只有一张系统设备表（system device table，SDT），它记录了系统中所有物理设备的情况，并为每个物理设备设置一个表目项。该表目项包含的内容有设备类型、设备标识符、正在使用设备的进程标识、DCT 指针等。

图 5-9 给出了数据分配中的数据结构表：设备控制表（DCT）、控制器控制表（COCT）、通道控制表（CHCT）及系统设备表（SDT）。

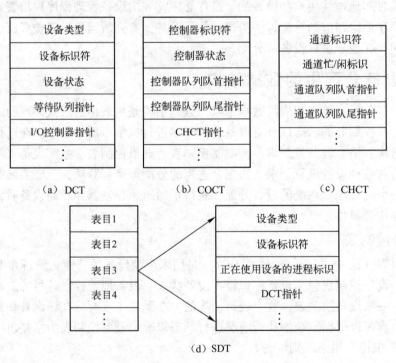

图 5-9　数据分配中的数据结构表

5.4.2　设备分配时应考虑的因素

为了使系统有条不紊地工作，系统在分配设备时，应考虑设备的固有属性、设备分配算法、设备分配中的安全性和设备独立性等四个方面的因素。

1. 设备的固有属性

在分配设备时，首先应考虑与设备分配有关的设备属性。设备的固有属性可分成三种：第一种是独占性，是指这种设备在一段时间内只允许一个进程独占，即"临界资源"；第二种是共享性，指这种设备允许多个进程同时共享；第三种是可虚拟设备，指设备本身虽是独占设备，但经过某种技术处理，可以把它改造成虚拟设备。对上述的独占、共享、可虚拟三种设备应采取不同的分配策略。

（1）独占设备

对于独占设备，应采用独享分配策略，即将一个设备分配给某进程后，便由该进程独占，直至该进程完成或释放该设备，然后，系统才能再将该设备分配给其他进程使用。这种分配策略的缺点是设备得不到充分利用，而且还可能引起死锁。

（2）共享设备

对于共享设备，可同时分配给多个进程使用，此时须注意对这些进程访问该设备的先后次序进行合理的调度。

（3）可虚拟设备

由于可虚拟设备是指一台物理设备在采用虚拟技术后，可变成多台逻辑上的虚拟设备，所以说，一台可虚拟设备是可共享的设备，可以将它同时分配给多个进程使用，并对这些访问该（物理）设备的先后次序进行控制。

2. 设备分配算法

对设备进行分配的算法，与进程调度算法有些相似之处，但前者相对简单，通常只采用以下两种分配算法。

（1）先来先服务

当有多个进程对同一设备提出 I/O 请求时，该算法是根据这些进程对某设备提出请求的先后次序，将这些进程排成一个设备请求队列，设备分配程序总是把设备首先分配给队首进程。

（2）优先级高者优先

在进程调度中使用这种策略，是优先权高的进程优先获得处理。如果对高优先权进程所提出的 I/O 请求也赋予高优先权，显然有助于高优先权进程尽快完成。在利用该算法形成设备队列时，将优先权高的进程排在设备队列前面，而对于优先级相同的 I/O 请求，则按先来先服务原则排队。

3. 设备分配中的安全性

基于进程运行的安全性考虑，设备分配有以下两种方式。

（1）安全分配方式

在这种分配方式中，每当进程发出 I/O 请求后，便进入阻塞状态，直到其 I/O 操作完成时才被唤醒。在采用这种分配策略时，一旦进程已经获得某种设备（资源）后便阻塞，使该进程不可能再请求任何资源，而在它运行时又不保持任何资源。因此，这种分配方式已经摒弃了造成死锁的四个必要条件之一的"请求和保持"条件，从而使设备分配是安全的。但是，CPU 与 I/O 设备的这种串行工作方式会导致进程进展缓慢。

（2）不安全分配方式

在这种分配方式中，进程在发出 I/O 请求后仍继续运行，需要时又发出第二个 I/O 请求、第三个 I/O 请求等。仅当进程所请求的设备已被另一进程占用时，请求进程才进入阻塞状态。这种分配方式的优点是一个进程可同时操作多个设备，提升进程推进速度。其缺点是分配不安全，因为它可能具备"请求和保持"条件，从而可能造成死锁。因此，在设备分配程序中，还应再增加一个功能，以用于对本次的设备分配是否会发生死锁进行安全性计算，仅当计算结果说明分配是安全的情况下才进行设备分配。

4. 独占设备的分配实现

所谓独占设备是指设备被分配给一个作业后，就被这个作业独占使用，其他的任何作业不能使用，直到该设备被释放为止。常见的独占设备有行打印机、光电输入机等。针对独占设备，系统一般采用静态分配方式。即在一个作业执行前，将它所需要使用的这类设备分配给该作业，当该作业得到这些设备时才能开始执行，并在该作业执行期间始终占有这些设备，直到该作业执行结束才归还。这种分配策略适用于管理独占设备的分配。

（1）基本的设备分配程序

下面通过一个具有 I/O 通道的系统案例来介绍独占设备分配过程。当某进程提出 I/O 请求后，系统的设备分配程序可按下述步骤进行设备分配。

① 分配设备。根据 I/O 请求中的物理设备名，查找系统设备表（SDT），从中找出该设备的设备控制表（DCT），再根据 DCT 中的设备状态字段，可知该设备是否正忙。若忙，便将请求 I/O 进程的进程控制块（PCB）挂在设备队列上；否则，便按照一定的算法来计算本次设备分配的安全性。如果不会导致系统进入不安全状态，便将设备分配给请求进程；否则，仍将其 PCB 插入设备等待队列。

② 分配控制器。在系统把设备分配给请求 I/O 的进程后，再到其 DCT 中找出与该设备连接的控制器控制表（COCT），从 COCT 的状态字段中可知该控制器是否忙碌。若忙，便将请求 I/O 进程的 PCB 挂在该控制器的等待队列上；否则，便将该控制器分配给进程。

③ 分配通道。在该 COCT 中又可找到与该控制器连接的通道控制表（CHCT），再根据 CHCT 内的状态信息，可知该通道是否忙碌。若忙，便将请求 I/O 的进程挂在该通道的等待队列上；否则，将该通道分配给进程。只有在设备、控制器和通道三者都分配成功时，这次的设备分配才算成功。然后，便可启动该 I/O 设备进行数据传送。

（2）设备分配程序的改进

仔细研究上述基本的设备分配程序后可以发现：进程是以物理设备名来提出 I/O 请求的，设备分配采用的是单通路的 I/O 系统结构，这容易产生 I/O "瓶颈"。为此，应从以下两方面对基本的设备分配程序加以改进，以使独占设备的分配程序具有更强的灵活性，并提高分配的成功率。

① 增加设备的独立性。为了获得设备的独立性，进程应使用逻辑设备名请求 I/O。这样，系统首先从 SDT 中找出第一个该类设备的 DCT。若该设备忙，就查找第二个该类设备的 DCT，仅当所有该类设备都忙时，才把进程挂在该类设备的等待队列上；而只要有一个

该类设备可用，系统便进一步计算分配该设备的安全性。

② 考虑多通路情况。为了防止在 I/O 系统中出现"瓶颈"现象，通常都采用多通路的 I/O 系统结构。此时对控制器和通道的分配同样要经过几次反复，即若设备（控制器）所连接的第一个控制器（通道）忙时，应查看其所连接的第二个控制器（通道），仅当所有的控制器（通道）都忙时，此次的控制器（通道）分配才算失败，才把进程挂在控制器（通道）的等待队列上。而只要有一个控制器（通道）可用，系统便可将它分配给进程。

5.4.3　SPOOLing 技术

独占设备一旦被使用，无论该设备是否处于空闲状态，其他进程都将无法使用该设备，这就造成了资源的浪费。如果能够通过某种技术把独占设备改造为共享的设备，这样就可以节约资源，提高效率。SPOOLing 技术就是用于将一台独占设备改造成共享设备的一种行之有效的技术。

1. SPOOLing 的定义

SPOOLing 是 Simultaneous Peripheral Operation On-Line（即外部设备联机并行操作）的缩写，它是低速输入输出设备与主机交换的一种技术，通常称为"假脱机技术"。SPOOLing 技术既不同于脱机方式，也不同于直接耦合方式，它实际上是一种外围设备同时联机操作技术，又称为排队转储技术。

2. SPOOLing 系统的组成

SPOOLing 系统主要由以下三部分组成。

（1）输入井和输出井

输入井是模拟脱机输入时的磁盘，用于收容 I/O 设备输入的数据。输出井是模拟脱机输出时的磁盘，用于收容用户程序的输出数据。它们是磁盘上开辟的两大存储空间。

（2）输入缓冲区和输出缓冲区

这是在内存中开辟的两个缓冲区。输入缓冲区用于暂存由输入设备送来的数据，以后再传送到输入井。输出缓冲区用于暂存从输出井送来的数据，以后再传送给输出设备。

（3）输入进程和输出进程

输入进程能将用户要求的数据从输入设备通过输入缓冲区送到输入井。当 CPU 需要输入数据时，直接从输入井读入内存。输出进程则是把用户要求输出的数据，先从内存送到输出井，待输出设备空闲时，再将输出井中的数据，经过输出缓冲区送到输出设备上。图 5-10 表示了 SPOOLing 系统的组成结构。

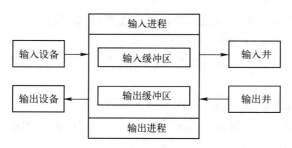

图 5-10　SPOOLing 系统的组成

3. SPOOLing 系统的特点

提高了 I/O 速度。从对低速 I/O 设备进行的 I/O 操作变为对输入井或输出井的操作，如同脱机操作一样，提高了 I/O 速度，缓和了 CPU 与低速 I/O 设备速度不匹配的矛盾。

将独占设备改造为共享设备，但设备并没有分配给任何进程。在输入井或输出井中，分配给进程的是一存储区和一张 I/O 请求表。

实现了虚拟设备功能。多个进程同时使用一个共享设备，而对每一进程而言，都认为自己独占这一设备。该设备是逻辑上的设备。

SPOOLing 除了是一种速度匹配技术外，也是一种虚拟设备技术。用一种物理设备模拟另一类物理设备，使各作业在执行期间只使用虚拟的设备，而不直接使用物理的独占设备。这种技术可使独占的设备变成可共享的设备，使得设备的利用率和系统效率都能得到提高。

5.5 I/O 设备驱动程序

设备处理程序通常又称为设备驱动程序，是驱动物理设备直接进行各种操作的软件，它可看作 I/O 系统和物理设备的接口，所有进程对于设备的请求都要通过设备驱动程序来完成。I/O 设备驱动程序的主要任务是接收上层软件发来的抽象请求，把它转化为具体要求后，发送给设备控制器并启动设备去执行。

5.5.1 设备驱动程序的功能与特点

设备驱动程序简称驱动程序，是在请求 I/O 操作的进程与设备控制器之间的一个通信程序。设备驱动程序建立了一个硬件与硬件或硬件与软件沟通的界面。

1. 设备驱动程序的功能

实现逻辑设备到物理设备的转换。

接收由 I/O 进程发来的命令和参数，将接收到的抽象要求转换为具体要求。

检查 I/O 请求的合法性，了解 I/O 设备的状态，传递相关参数并设置设备的工作方式。

发出 I/O 命令，启动相应的 I/O 设备，完成相应的 I/O 操作。

及时响应中断请求，并根据中断类型调用相应的中断处理程序进行处理。

对于设置有通道的计算机系统，驱动程序还应能够根据用户的 I/O 请求，自动地构成通道程序。

2. 设备驱动程序的特点

驱动程序将进程的 I/O 请求传送给控制器，而把设备控制器中所记录的设备状态、I/O 操作完成情况反映给请求 I/O 设备的进程。

驱动程序与设备控制器和 I/O 设备的硬件特性紧密相关，因而对不同类型的设备应配置不同的驱动程序。

驱动程序与 I/O 设备所采用的 I/O 控制方式紧密相关。

由于驱动程序与硬件紧密相关，因而其中的一部分程序必须用汇编语言书写，目前有很多驱动程序，其基本部分已经固化，放在 ROM 中。

5.5.2 设备驱动程序的处理过程

不同类型的设备，其驱动程序是不一样的。设备驱动程序除了要有能驱动 I/O 设备工作的驱动程序外，还要有设备中断处理 I/O 完成后的工作程序。设备驱动程序在驱动设备之前必须完成所有的准备工作，才能向设备控制器发送启动命令。设备处理程序的处理过程如下。

① 将逻辑设备转换为物理设备。当逻辑设备打开时，在相应的逻辑设备描述器中记录该逻辑设备与实际物理设备之间的联系。

② 检查 I/O 请求的合法性。对于输入输出设备在某一时刻只能进行输入或输出操作，如设备不支持这次 I/O 请求，则认为这次 I/O 请求非法。

③ 检查设备的状态。要启动某设备，该设备必须处于空闲状态，否则需要等待该设备。因此在启动该设备之前，需要从设备控制器的状态寄存器中读出该设备的状态。

④ 传送必要的参数。许多设备除应向其控制器发出启动命令外，还必须传送相应的参数。

⑤ 启动 I/O 设备。向设备控制器中的命令寄存器传送控制命令，将外围设备启动，然后可由设备控制器来控制外围设备进行基本 I/O 操作。

5.6 磁盘存储管理

为了实现能对外存空间的有效利用，并提高对文件的访问效率，就需要系统对外存中的空闲块资源进行妥善管理。在大多数情况下，存放文件利用的都是磁盘。这是因为磁盘存储器不仅容量大、存取速度快，而且还可以实现随机存取，是实现虚拟存储器所必需的硬件。因此在现代计算机系统中，都配置了磁盘存储器，并以它为主来存放文件。磁盘存储管理的主要任务是：

① 为文件分配必要的存储空间；

② 提高磁盘存储空间的利用率；

③ 提高对磁盘的 I/O 速度，以改善文件系统的性能；

④ 采取必要的冗余措施，来确保文件系统的可靠性。

5.6.1 磁盘概述

磁带、磁盘等外围设备，又称为外存储设备或块设备。外存储设备按存取时间变化的不同分为两类：顺序存取存储设备和直接存取存储设备。磁盘就是典型的直接存取存储设备。

磁盘是将信息存放在圆盘上的一种存储媒体，每个圆盘有上、下两个盘面，多个圆盘就组成一个盘组。每个盘面上只有一个读写磁头，这些磁头在盘面上来回移动，而盘体则围绕中心轴高速旋转。磁盘在执行操作时，整个盘组不停地旋转，存取臂带动磁头来回移动。盘组旋转一周，对应的磁头在盘上的移动就是一个圆，这个圆就是磁道。各个存取臂如以相同的长度沿水平方向移动，则相同半径的一些磁道便合成一个圆柱面，称为柱面。对于一个盘组，柱面从外向内编号为 0，1，2，…。在每个柱面上，把磁头号作为相应盘面的磁道号，磁道从上向下编号为 0，1，2，…。

磁盘在工作的时候，磁头首先要移动到目标磁道上，然后使需要的扇区旋转到磁头下，最后读取该扇区中的数据。这些工作都是在磁盘控制器的控制下完成的。

5.6.2　磁盘调度

作为计算机系统中的辅助存储器，磁盘、磁带等一系列用来存放文件的高速度、大容量的旋转型存储设备，在多道程序设计的环境下，可能会出现多个进程同时请求 I/O 并等待处理的现象。系统必须采用一种行之有效的调度策略，使得存储设备能按最佳次序处理这些请求。这就是磁盘调度问题。磁盘调度能减少多个 I/O 请求服务所需要的时间，从而提高系统的效率。除了 I/O 请求的优化排序外，信息在辅助存储器上的排列方式、文件在辅存空间上的分配方法都能影响存取访问的速度。

磁盘调度是先进行移动存取臂调度，再进行旋转调度。例如，某一时刻对磁盘的 I/O 请求序列如表 5-1 所示。

表 5-1　对磁盘的请求序列

柱面号（CC）	磁道号（HH）	物理记录 R
6	4	1
6	4	7
6	4	3
50	6	4
2	7	7

如果当前存取臂处于 0 号柱面，若按上述序列访问磁盘，则存取臂将从 0 号柱面移至 6 号柱面，再移至 50 号柱面，最后回到 2 号柱面。显然，这样就要来回移臂。如果将输出请求按柱面号 2、6、6、6、50 的次序处理，就可大大节省移臂时间。

进一步看 6 号柱面上的三个 I/O 请求。按上边的次序，磁盘需要旋转近两周才能完成访问，若将 I/O 请求按表 5-2 所示的次序完成访问，则对 6 号柱面 4 号磁道的访问只需旋转一周就可完成。因此，对于磁盘来说，不仅要考虑移臂时间最短，还要使旋转周数最少。

表 5-2　对磁盘的请求序列

柱面号（CC）	磁道号（HH）	物理记录 R
6	4	1
6	4	3
6	4	7

常用的移臂算法有：先来先服务算法、最短寻道时间优先算法、扫描算法、循环扫描算法等。

1. 先来先服务算法

先来先服务（first come first served，FCFS）算法是一种简单的磁盘调度算法。它根据进程请求访问磁盘的先后次序进行调度。此算法的优点是公平、简单，且每个进程的请求都能依次得到处理，不会出现某一进程的请求长期得不到满足的情况。但此算法由于没有对寻道进行优化，致使寻道距离可能较大。故 FCFS 算法仅适用于请求磁盘 I/O 的进程数目较少的情况。

2. 最短寻道时间优先算法

最短寻道时间优先（shortest seek time first，SSTF）算法总是先完成距离当前存取臂最近的柱面上的 I/O 请求，以使每次的寻道时间最短，但这种调度算法却不能保证平均寻道时间最短。

3. 扫描算法

SSTF 算法虽然获得较好的寻道性能，但它可能导致某些进程发生"饥饿"现象。扫描（SCAN）算法不仅考虑到要访问的磁道与当前磁道的距离，更优先考虑的是磁头的当前移动方向。例如，当磁头正在自里向外移动时，SCAN 算法所选择的下一个访问对象应是和当前距离最近且方向一致的磁道。这样自里向外地访问，直到更外面没有需要访问的磁道才将存取臂自外向里移动。由于这种算法中磁头移动的规律颇似电梯的运行，故又称为电梯调度算法。

4. 循环扫描算法

循环扫描（circular sCAN，CSCAN）算法规定磁头是单向移动的。例如，只自里向外移动，当磁头移到最外的被访问磁道时，磁头立即返回到最里的需要访问的磁道，即将最小磁道号紧接着最大磁道号构成循环，进行扫描。

5.6.3　提高磁盘 I/O 速度的方法

目前，几乎所有可随机存取的文件，都存放在磁盘上，磁盘 I/O 的速度将直接影响文件系统的性能。而磁盘的 I/O 速度远低于内存的访问速度，因此，提高磁盘的 I/O 速度已成为计算机系统的难题。于是，人们千方百计地去提高磁盘的 I/O 速度，其中最主要的技术便是利用磁盘阵列和高速缓存（cache）。

1. 磁盘阵列

磁盘阵列（disk array）是由一个硬盘控制器来控制多个硬盘的相互连接，使多个硬盘的读写同步，减少错误，增加效率和可靠度的技术。磁盘阵列由很多便宜、容量较小、稳定性较高、速度较慢的磁盘，组合成一个大型的磁盘组，利用个别磁盘提供数据所产生的加成效果来提升整个磁盘系统的效能。同时，在储存数据时，利用这项技术将数据切割成许多区段，分别存放在各个硬盘上。

2. 磁盘高速缓存

这里所说的磁盘高速缓存，并非通常意义下在内存和 CPU 之间所增设的小容量高速存储器，而是指利用内存中的存储空间，来暂存从磁盘中读出的一系列盘块中的信息。因此，这里的高速缓存是一组在逻辑上属于磁盘，而物理上是驻留在内存中的盘块。在内存中高速缓存的实现可分成两种形式：

① 一种是在内存中开辟一个单独的存储空间作为磁盘高速缓存，其大小是固定的不会受应用程序多少的影响；

② 另一种是把所有未利用的内存空间变为一个缓冲池，供请求分页系统和磁盘 I/O（作为磁盘高速缓存）共享，此时高速缓存的大小不再是固定的。当磁盘 I/O 的频繁程度较高时，该缓冲池可能包含更多的内存空间；而在应用程序运行得较多时，该缓冲池可能只剩下较少的内存空间。

5.7　本章小结

本章从设备管理的主要任务和功能出发，围绕着 I/O 系统，I/O 控制方式、I/O 设备分配的数据结构和实现方法、I/O 设备驱动程序的处理过程、缓冲技术以及磁盘的存储管理进行了介绍和讨论。

设备管理的主要任务之一就是控制设备和内存或 CPU 之间的数据传送，即 I/O 控制。常见的 I/O 控制方式主要有四种，分别是：程序 I/O 方式、中断驱动 I/O 控制方式、直接存储器访问 DMA I/O 控制方式和 I/O 通道控制方式。程序 I/O 方式只适用于那些 CPU 执行速度较慢，而且外围设备较少的系统。中断驱动 I/O 控制方式与程序 I/O 方式相比，CPU 不需等待数据传输完成，I/O 设备与 CPU 可以并行工作，CPU 的利用率因此也大大提高。但它的缺点也非常明显，CPU 在响应中断后，还需要时间来执行中断服务程序。如果数据量大，需要多次执行中断程序，CPU 的效率仍然不高。直接存储器访问 DMA I/O 控制方式较之中断驱动 I/O 控制方式，大大减少了 CPU 进行中断的次数，提高了 CPU 的使用效率，但如果众多外围设备都采用 DMA 方式工作，接连不断地占用周期，则会使 CPU 长时间被挂起，从而降低了 CPU 的效率。如果外围设备数量众多，要给每一个外围设备配置 DMA 控制器，硬件的成本过大。在 I/O 通道控制方式中，数据传送方向、存放数据的内存开始地址及传送的数据块长度均由通道进行控制，并且在 I/O 通道控制方式，一个通道可以控制多台设备与内存进行数据交换，这和直接存储器访问 DMA I/O 控制方式相比较，减轻了 CPU 的工作负担，大大提高了 CPU 的效率，节约了成本。

缓冲是为了匹配设备和 CPU 的处理速度，以及为了进一步减少中断次数和解决采用直接存储器访问 I/O 控制方式和 I/O 通道控制方式时的瓶颈问题引入的。根据系统设置缓冲区的个数，缓冲技术可分为单缓冲、双缓冲、多缓冲及缓冲池。

在多道程序环境下，如果多个进程请求使用设备，不是每一个进程都能随时随地地使用设备，而必须由系统分配。我们主要介绍了在对设备进行分配时要考虑的因素，以及设备分配中的数据结构：设备控制表、控制器控制表、通道控制表和系统设备表。同时，还介绍了把独占设备改造成共享设备的技术——SPOOLing 技术。

设备驱动程序是驱动物理设备直接进行各种操作的软件，它可看作 I/O 系统和物理设备的接口，所有进程对于设备的请求都要通过设备驱动程序来完成。我们主要介绍了设备驱动程序的功能、特点和处理过程。

本章最后介绍了磁盘的存储管理。磁盘调度是先进行移臂调度，再进行旋转调度。常用的移臂磁盘调度算法有先来先服务算法、最短寻道时间优先算法、扫描算法和循环扫描算法。

5.8 习题

1. 设备管理的功能和任务是什么？

2. 设备分为哪几种类型？

3. I/O 控制有哪几种？比较它们的优缺点。

4. 什么是缓冲？为什么要引入缓冲？

5. SPOOLing 系统由哪几部分组成？它的功能有哪些？

6. 设备驱动程序主要执行哪些功能？它处理数据的步骤是什么？

7. 数据传送有哪几种方式？

8. 假定一磁盘有 200 个柱面，编号为 0，1，2，…，199，当前存取臂的位置在 143 号柱面上，并刚刚完成了 124 号柱面上的请求，如果请求队列的先后次序是：

86，147，91，177，94，150，102，175，130

试问，为完成上述请求，下列各算法存取臂移动的总量是多少？并写出存取臂移动的顺序。

① FCFS

② SSTF

③ SCAN

④ CSCAN

第6章 文 件 管 理

本章内容提要及学习目标

本章主要讲解了文件与文件系统的基本知识，文件的逻辑结构、物理结构和存取方式、目录管理、文件存储空间的管理、文件的共享与安全等与文件管理相关的知识。通过本章的学习，应掌握以下内容：文件与文件系统的基本概念；文件的逻辑结构、物理结构和文件的存取方式；目录结构和常用的目录查询技术；常用的文件存储空间管理方法；实现文件共享与安全的基本方法。

6.1 文件管理概述

文件管理、作业管理、处理机管理、存储管理和设备管理共同被称为操作系统的五大资源管理。除文件管理和作业管理外，其余三个资源管理的对象均为系统的硬件资源，而文件管理又是其中最为接近用户层的部分，用户也正是通过文件管理系统来使用计算机系统提供的信息资源。

6.1.1 文件

1. 文件的概念

文件是具有符号名的一组相关信息的集合。这些信息集合，通常是存放在外部存储器上，并可以用它们的名字来进行“按名存取”。文件系统中的数据可分为数据项、记录和文件三级。

（1）数据项

数据项是描述一个对象的某种属性的字符集，是数据组织中可以命名的最小逻辑数据单位，即原子数据，又称为数据元素或字段。它的命名往往与其属性一致。例如，用于描述一个学生的基本数据项有学号、姓名、性别、年龄、班级等。

（2）记录

记录是一组相关数据项的集合，用于描述一个对象在某方面的属性。例如，一个学生的记录可以包括学号、姓名、性别、年龄、班级等数据项。

（3）文件

文件可分为有结构文件和无结构文件两种。在有结构文件中，文件由若干个相关记录组成，而无结构文件则被看成是一个字符流。

2. 文件的分类

为了便于管理和控制文件，需要将文件分成多种类型。由于各种系统对文件的管理方式不同，因而它们对文件的分类方法也有很大的差异。为了方便系统和用户了解文件的类型，许多操作系统都把文件类型作为扩展名缀在文件名的后面，在文件名和扩展名之间用"."分开。常用的文件分类方法有以下几种。

（1）按文件用途分类

① 系统文件。是指由系统软件构成的文件。大多数系统文件只允许用户调用而不允许用户去读，更不允许修改，有的系统文件不直接对用户开放。

② 用户文件。由用户的源代码、可执行文件或数据等所构成的文件，用户将这些文件委托给系统保管。

③ 库文件。由标准子程序及常用的例程等所构成的文件。允许用户调用，但不允许修改。

（2）按文件的数据形式分类

① 源文件。由源程序和数据构成的文件，一般由 ASCII 字符或汉字组成。

② 目标文件。由相应的编译程序编译而成的文件，由二进制组成，扩展名为 .OBJ。

③ 可执行文件。由目标文件链接而成的文件，扩展名一般为 .EXE。

（3）按文件的存取权限分类

① 只读文件。允许文件主用户及授权用户读，但不准改写文件内容。

② 读/写文件。允许文件主用户及授权用户读、写。

③ 只执行文件。只允许被核准的用户调用执行，既不允许读，也不允许写。

（4）按文件的逻辑结构分类

① 有结构文件。由若干个记录所构成的文件，又称为记录式文件。根据记录的长度是否可变，可进一步分为定长记录文件和可变长记录文件。

② 无结构文件。直接由字符序列构成的文件，又称为流式文件。

（5）按文件的物理结构分类

① 顺序文件。是指把逻辑文件中的记录顺序地存储到连续的物理块中。在顺序文件中记录的次序与存储介质上的存放次序是一致的。

② 链接文件。是指文件中的各个记录可以存放在不相邻接的物理块中，通过物理块中的链接指针链接成一个链表。

③ 索引文件。是指文件中的各个记录可存储在不相邻接的各个物理块中，为每个文件建立一张索引表，用于实现记录和物理块之间的映射。

3. 文件的属性

大多数操作系统设置了专门的文件属性用于文件的管理控制和安全保护，它们虽然不是文件的信息内容，但对于系统的管理和控制是十分重要的。不同的系统文件属性有所不同，但是通常都包括如下属性。

① 文件基本属性：文件名、文件所有者、文件授权者、文件长度等。

② 文件的类型属性：如普通文件、目录文件、系统文件、隐式文件、设备文件等。也可按文件信息分为 ASCII 码文件、二进制码文件等。

③ 文件的保护属性：如可读、可写、可执行、可更新、可删除、可改变保护以及档案属性。

④ 文件的管理属性：如文件创建时间、最后存取时间、最后修改时间等。

⑤ 文件的控制属性：逻辑记录长度、文件当前长度、文件最大长度，以及允许的存取方式标志、关键字位置、关键字长度等。

4. 文件的操作

文件的操作功能是用户与文件系统的直接交互。对文件的操作可分为两大类：对记录的操作和对文件自身的操作。

（1）对记录的操作

① 检索所有记录。检索文件中的所有记录，这一操作主要用于检索时需要涉及文件中所有记录中信息的情况。

② 检索单个记录。仅检索文件中的某条记录。这种操作主要用于面向事务处理的应用。

③ 插入一条记录。将一条新记录插入到一个含有若干个记录的文件中的适当位置。

④ 修改一条记录。从文件中检索到一条指定记录，并对该记录中的数据项进行修改，修改结束后将记录写回文件。

⑤ 删除一条记录。从文件中删除一条记录。

（2）对文件自身的操作

① 创建文件。当用户要求把一批信息作为一个文件存放在存储器中时，使用建立文件操作向系统提出建立一个文件的要求。在创建一个新文件时，系统首先要为新文件分配必要的外存空间，并在文件系统的目录中为其建立一个目录项。目录项中应记录新文件的文件名及其在外存的地址等信息。

② 读文件。在读一个文件时，必须在系统调用中给出文件名和文件被读入的内存目标地址。此时，系统同样要查找目录，找到指定文件的目录项，从中得到被读文件在外存的位置。在目录项中，还有一个指针用于对文件的读/写。

③ 写文件。在写一个文件时，必须在系统调用中给出该文件名及该文件在内存中的源地址。为此，也同样需要先查找目录，找到指定文件的目录项，再利用目录中的写指针进行写操作。

④ 截短文件。如果一个文件的内容已经陈旧而需要全部更新文件的内容时，一种方法是将此文件删除，再重新创建一个新文件。但如果文件名及其属性均无改变时，则可采取另一种所谓的截短文件的方法。也就是将原有文件的长度设置为 0，或者说放弃原有的文件内容。

⑤ 设置文件的读/写位置。以上对文件的读/写操作，都只提供了文件的顺序存取手段，即每次是从文件的始端读或写。设置文件读/写位置的操作，用于设置文件读/写指针的位置，以便每次读/写文件时，不是从其始端而是从所设置的位置开始进行。也正是这样，才能改顺序存取为随机存取。

⑥ 删除文件。当已不再需要某文件时，可将它从文件系统中删除。在删除时，系统应先从目录中找到要删除文件的目录项，使之成为空项，然后回收该文件所占用的存储空间。

6.1.2　文件系统

1. 文件系统的概念

文件系统是操作系统中负责文件管理和存储的一组系统软件。文件系统可分为对象及其属性说明、对对象进行操纵和管理的软件集合、文件系统接口三个层次，如图 6-1 所示。

```
┌─────────────────────────────┐
│        文件系统的接口          │
├─────────────────────────────┤
│    对对象操纵和管理的软件集合    │
├─────────────────────────────┤
│         对象及其属性           │
└─────────────────────────────┘
```

图 6-1　文件系统模型

（1）对象及其属性

文件系统管理的对象有如下几种。

① 文件。在文件系统中有着各种不同类型的文件，它们都作为文件管理的直接对象。

② 目录。为了方便用户对文件的存取和检索，在文件系统中必须配置目录。对目录的组织和管理是方便用户和提高对文件存取速度的关键。

③ 磁盘（磁带）存储空间。文件和目录必定占用存储空间，对这部分空间的有效管理不仅能提高外存的利用率，而且能提高对文件的存取速度。

（2）对对象操纵和管理的软件集合

这是文件管理系统的核心部分，其中包括对文件存储空间的管理、对文件目录的管理、用于将文件的逻辑地址转换为物理地址的地址映射机制、文件的读/写管理，以及对文件的共享与保护等功能。

（3）文件系统的接口

为了方便用户使用文件系统，文件系统通常向用户提供以下两种类型的接口。

① 命令接口。指用户与文件系统交互的接口。用户可通过键盘终端输入命令，取得文件系统的服务。

② 程序接口。指用户程序与文件系统的接口。用户程序可通过系统调用来取得文件系统的服务。

2. 文件系统的功能

文件系统是操作系统的重要组成部分，它的主要任务是负责管理文件信息，提供对文件进行存取和共享的手段，方便用户的使用，并保证文件的安全性。文件系统的主要目标是提高外存空间的利用率。一个完善的文件系统应具有下述功能。

（1）文件存储空间的管理

对存储空间的管理是文件系统最基本的功能。该功能使文件系统中的各个文件"各得其所"，文件存储空间管理的主要目标是提高存储空间的利用率。事实上，对外存和内存的存储管理方式极其相似，同样可以分为连续存储分配方式和离散存储分配方式，甚至所采用的存储空间的分配与回收算法也基本相同。不论哪一种外存分配方式，所使用的基本单位都是盘块。

（2）目录管理

目录管理可使用户利用文件名，通过查找目录，就能对文件进行存取，从而实现按名存取。目录管理所追求的主要目标是提高对文件的检索速度，为此，需要对目录进行有效的组织。此外，在目录管理中还必须解决文件的命名冲突问题以及实现多个用户共享文件的问题。

（3）文件读/写管理

文件读/写管理可根据用户的要求从磁盘中读出数据或将数据写入磁盘。该功能需要借助设备管理功能才能实现。文件读/写管理所追求的目标是提高对文件的读写速度。为此，需要对磁盘缓冲区进行有效的组织，对从磁盘读和向磁盘写请求进行合理的调度。

（4）文件安全性管理

文件安全性管理的基本任务是防止文件被盗窃或被破坏。可采取多级保护措施实现这一目标。

① 系统级安全性管理。通常是通过使用口令来限制非法用户进入系统。

② 用户安全级管理。为用户分配适当的"文件访问权限"。

③ 目录级管理。为目录指定"访问权限"。

④ 文件级安全管理。通过设置文件属性的方法，来限制用户对文件的访问。

（5）向用户提供接口

为方便用户使用文件系统所提供的服务，文件系统向用户提供了两种接口。

① 文件存取服务。以一组系统调用或命令的形式提供给用户程序或用户，用来实现按名存取。

② 文件管理服务。为用户提供建立新文件、删除老文件以及修改已存在文件等服务。

6.2　文件的结构及存取方式

用户和系统常常从不同的角度来看待同一个文件。从用户的观点出发，所看到的文件组织形式是用户可直接处理的数据及其结构，它独立于设备的物理特性，称为文件的逻辑结构；而从系统角度来看，它所关心的是文件在实际存储设备上的组织和存放方法，这与文件存储设备的物理特性密切相关，称为文件的物理结构，也称为文件的存储结构。

6.2.1　文件的逻辑结构

1. 文件逻辑结构的类型

按文件的逻辑结构，可将文件分为以下两类。

（1）有结构文件

有结构文件是指由一个以上的记录构成的文件，故又称为记录式文件。在记录式文件中，所有的记录通常都是描述一个实体集的，有着相同或不同数目的数据项。在有结构文件中，记录的长度可分为定长和变长两类，据此可将有结构文件分为定长记录文件和变长记录文件。

① 定长记录文件。它是指文件中所有记录的长度都是相同的。所有记录中的各数据项都处在记录中相同的位置，具有相同的顺序及相同的长度，文件的长度用记录数目表示。定长记录文件处理方便，开销小，是目前较常用的一种记录格式，被广泛用于数据处理中。

② 变长记录文件。它是指文件中各记录的长度不相同。导致文件记录长度不相同的原因有两方面：一方面是由于记录中所包含的数据项数目可能不同；另一方面数据项本身的长

度也可能不定。但无论什么原因，在处理前每个记录的长度是可知的。

根据用户和系统管理上的需要，可将记录组织为顺序文件、索引文件和索引顺序文件。

（2）无结构文件

无结构文件是指由字符流构成的文件，故又称为流式文件。与数据结构和数据库所采用的有结构的文件形式不同，大量的源程序、可执行程序、库函数等采用的则是无结构的流式文件。流式文件的长度以字节为单位。对流式文件的访问，则是利用读写指针来指出下一个要访问的字符。可以把流式文件看作是记录式文件的一个特例，每个记录只有一个字符的记录式文件。

2. 顺序文件

顺序文件是指由一系列记录按某种顺序排列所形成的文件。文件中的记录可以是任意顺序的，因此，它可以按照各种不同的顺序进行排列。一般可归纳为以下两种情况。

① 串结构：记录之间的顺序与关键字无关，通常按存入时间的先后排列。

② 顺序结构：文件中的所有记录按关键字排列。

顺序结构的文件可利用各种有效的查找算法，如折半查找法、插值查找法、跳步查找法等提高检索效率，而串结构的文件必须从头开始，直到找到指定的记录或查完所有的记录为止，检索效率较低。

顺序文件中的记录可以是定长的，也可以是变长的。对于定长记录的顺序文件，要获得下一条记录的首地址，只需在当前记录的首地址上加上记录长度即可；而对于变长记录的顺序文件，则需要在当前记录的首地址上加上当前记录的记录长度。

顺序文件适合对记录进行批量存取，而如果在交互应用的场合，如果用户（程序）要求查找或修改单个记录，此时系统需要从头开始去逐个地查找记录，这时顺序文件表现出来的性能就可能很差。而如果是变长记录的顺序文件，则查找单个记录的开销更大。另外，顺序文件增加和删除记录也是比较困难的。为了解决这一问题，可以为顺序文件配置一个运行记录文件（log file）或称为事务文件（transaction file），规定每隔一定时间，将运行记录文件与原来的主文件进行合并，产生一个按关键字排序的新文件。

3. 索引文件

对于定长记录文件，记录 n 的首地址 L_n 为：

$$L_n = L_0 + L \times n$$

其中 L_0 为第一条记录的首地址，L 为记录长度。而对于可变长度记录的文件，除知道第一条记录的首地址外，还需要顺序地查找出记录 n 之前的所有记录的长度，才能计算出记录 n 的首地址。可见，对于定长记录，除了可以方便地实现顺序存取外，还可以较方便地实现直接存取。而变长记录就较难实现直接存取。为了解决这一问题，可为变长记录文件建立一张索引表，为每个记录设置一个表项，用于记录该记录的长度和指向该记录的指针（该记录在逻辑地址空间的首地址），由于索引表是按记录键排序的，因此，索引表本身是一个定长记录的顺序文件，从而也就可以方便地实现直接存取。索引文件的组织如图 6-2 所示。

索引文件具有较高的检索速度，但由于每个主文件都需要一张索引表，而且每个记录都要有一个索引项，这就增加了存储代价。

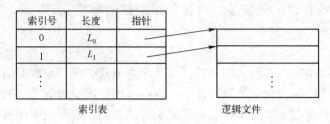

图 6-2　索引文件的组织

4. 索引顺序文件

索引顺序文件是上述两种文件方式的结合，它将顺序文件中的所有记录分为若干个组（如 100 个记录为一组），为顺序文件建立一张索引表，在索引表中为每组中的第一个记录建立索引项，其中含有记录的键值和指向该记录的指针，如图 6-3 所示。索引顺序文件的索引表本身是一个定长记录的顺序文件，可进行直接存取，克服了变长记录文件不便于直接存取的缺点。另外，索引顺序文件的索引表只为每组的第一条记录建立索引项，索引表显著减小，因此付出的存储代价也不算大。

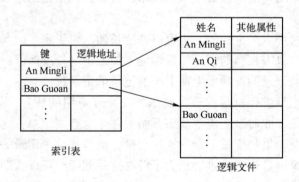

图 6-3　索引顺序文件的组织

索引顺序文件可有效地提高检索效率，但对于一些非常大的文件，为找到一个记录而需要查找的记录数目仍然很多。为了进一步提高检索效率，可以为索引文件再建立索引表，从而形成多级索引顺序文件。

6.2.2　文件的物理结构

文件的物理结构是指文件在外部存储器上的存取方式，以及它与文件逻辑结构之间的对应关系。在外存上如何存放文件主要与下述两个因素有关：检索速度和存储介质。不同的文件物理结构将产生不同的检索速度，存储介质的选择与用户对文件存取方式的要求有关。

通常，按物理结构的不同可将文件分为连续文件、链接文件和索引文件。

1. 连续文件

将一个文件中逻辑上连续的信息存放到存储介质上依次相邻的块中所形成的文件称为连续文件，又称顺序文件。连续文件的结构如图 6-4 所示。

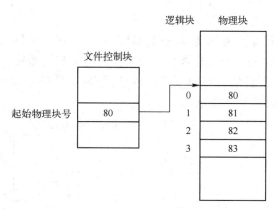

图 6-4　连续文件结构

连续文件的优点是：

① 连续文件中逻辑记录顺序和物理记录顺序完全一致，这使得文件系统管理很简单，只要得到文件长度和起始物理地址就可以访问文件；

② 通常记录按出现的先后次序被读出或修改，存取速度快。

连续文件的缺点是：

① 由于连续文件要求有连续的存储空间，这就要求必须事先知道文件的长度，这通常是非常困难的，同时也会导致像内存的连续分配一样产生许多"碎片"；

② 连续文件中对记录的插入和删除也比较困难，这可能需要移动大部分的记录。

2. 链接文件

在将逻辑文件存储到外存上时，不要求为整个文件分配连续的空间，而是可以存储到离散的多个盘块中，然后再利用链接指针将这些离散的盘块链接成一个队列，这样形成的物理文件称为链接文件。链接文件的优点是对一个文件存储空间的分配是离散的，这就解决了"碎片"问题，提高了存储空间的利用率。其缺点是对文件进行随机存取时，必须按链指针进行，存取速度较慢。通常可分为以下两种链接方式。

（1）隐式链接

把一个逻辑文件分成若干个逻辑块，每个块的大小与物理盘块的大小相同，并为逻辑块取从 $1\sim n$ 的编号，再把每一个逻辑块存放到一个物理盘块中。在每一个盘块中设置一个链接指针，通过这些指针把存放了该文件的物理盘块链接起来，如图 6-5 所示。由于链接指针是隐含在存放文件的物理块中，所以成为隐式链接。

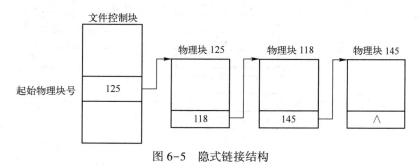

图 6-5　隐式链接结构

（2）显式链接

显式链接中用于链接文件各物理盘块的指针，并存放在一张显式的链接表中，该表可以是整个磁盘仅设置一张。表的左列是物理盘块号，右列是链接指针，即下一个盘块号。在该表中，属于文件的第一个盘块号（链首指针）均作为文件地址被填入相应文件控制块的"物理地址"字段中，如图6-6所示。

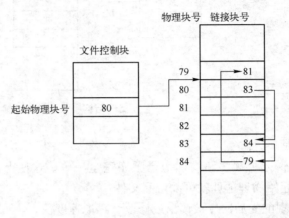

图6-6　显式链接结构

链接结构很好地克服了顺序结构不适宜于增、删、改的固有缺点，解决了存储器的碎片问题，提高了存储空间的利用率。但是在对文件进行随机存取时，必须按指针顺序搜索，效率较低。

3. 索引文件

事实上，在打开某个文件时，只需把该文件占用的盘块的编号调入内存即可。为此，应将每个文件所对应的盘块号集中地放在一起。索引分配方法就是基于这种想法所形成的一种分配方法。

（1）单级索引文件

索引结构是另一种非连续分配的文件存储结构。系统为每个文件建立一张索引表，索引表是文件逻辑块号和物理块号的对照表。此外，在文件控制块中设置了索引表指针，它指向索引表的始址，索引表存放在盘块中。当索引表较大，需占用多个盘块时，可通过链接指针将这些盘块链接起来，如图6-7所示。

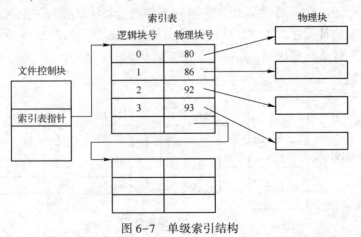

图6-7　单级索引结构

访问索引文件的步骤是：先查询文件的索引表，由逻辑块号得到物理块号，再由物理块号访问所请求的文件信息。索引文件克服了顺序文件和链接文件的不足，既能方便迅速地实现随机存取，又能满足文件动态增长的需要。但是如果文件很大，文件的索引表就会很大，那么对索引表的存储又会成为一个新的问题，一种好的解决方案是采用多级索引结构。

（2）多级索引文件

单级索引文件当文件很大时，文件的索引表也会很大。为了缩短索引表的长度，可再为索引表建立索引表，从而形成两级索引，如图 6-8 所示。这样，如果一个物理块可装下 n 个物理块的索引项，则经过二级索引可寻址的文件长度将变为 $n \times n$ 块。如果二级索引表仍很长，还可以再建立三级索引表、四级索引表等。

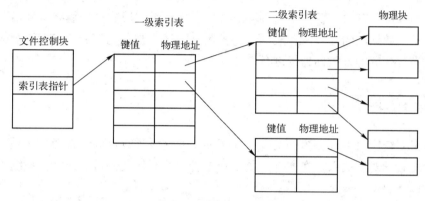

图 6-8　多级索引结构

但是，在索引文件中存取文件时，需要先访问索引表，得到相应的物理块号后再访问所请求的文件信息，这样增加了存取时对存储器的访问次数，降低了文件的存取速度，加重了输入输出的负担。一种改进的办法是将索引表部分或全部调入内存，以内存空间代价换取存取速度的改善。

6.2.3　文件的存取方式

所谓文件的存取方法，是指读/写文件存储器上的一个物理块的方法，是指操作系统为用户程序提供的使用文件的技术和手段。文件的存取方法不仅与文件的性质有关，而且与用户使用文件的方式有关。通常有 3 类存取方式：顺序存取法、直接存取法和按键存取法。

1. 顺序存取法

在提供记录式文件结构的系统中，顺序存取法就是严格按照物理记录排列的顺序依次存取。记录长度都相等的文件的顺序存取是十分简单的。读操作在读出文件的一个记录的同时，自动让文件记录读指针推进，以指向下一次要读出的记录位置。对于记录长度不等的顺序文件，每个记录的长度信息存放在记录前面的一个单元中。读出时，先根据读指针值读出存放记录长度的单元，然后根据该记录的长度把当前记录读出，同时修改读指针。写入时，则可把记录长度信息连同记录一起写到写指针指向的记录位置，同时调整写指针值。

2. 直接存取法

直接存取法允许用户随意存取文件中的任何一个物理记录，而不管上次存取了哪一个记录。直接存取法又称随机存取法，在无结构的流式文件中，直接存取法必须事先用必要的命令把读/写位移到欲读/写的信息开始处，然后再进行读/写。对于等长记录文件，这是很方便的，如果准备读/写第 n 个记录的首址，则此地址为该文件的首址加上记录的序号 n 与记录长度的乘积。对于变长记录文件，情况就大有不同，例如要读出记录 R_n，则必须从文件的起始位置开始顺序通过前面所有记录，并要读出其中每一个记录前面的存放记录长度的单元，才能确定记录 R_n 的首址。显然，这种逻辑组织对于直接存取是十分低效的。为了加速存取，通常采用索引表的组织。在索引结构的文件中，欲存取的记录首址存放在索引表项中。

3. 按键存取法

按键存取法，实质上也是直接存取法，它不是根据记录编号或地址来存取，而是根据文件中各记录内容进行存取。适用于这种存取方法的文件组织形式也与顺序文件不同，它是按逻辑记录中某个数据项的内容来存放的，这种数据项通常被称为"键"。这种根据键而不是根据记录号进行存取的方法称为按键存取法。

6.3　目录管理

在计算机系统中有许许多多的文件，为了便于对文件进行存取和管理，必须建立文件名与文件物理位置的对应关系。在文件系统中将这种关系叫作文件目录。操作系统中对文件目录的管理有以下要求。

① 实现"按名存取"。用户只需提供文件名，即可对文件进行存取，这是目录管理中最基本的功能，也是文件系统向用户提供的最基本的服务。

② 提高对目录的检索速度。通过合理组织目录结构来加快对目录的检索速度，从而加快了对文件的存取速度，这是在设计大中型文件系统时所追求的主要目标。

③ 文件共享。在多用户系统中应允许多个用户共享一个文件，这样只需在外存中保留一份该文件的副本，供不同用户使用，以节省大量的存储空间并方便用户。

④ 允许文件重名。操作系统应允许不同用户对不同文件取相同的名字，以便于用户按照自己的习惯命名和使用文件。

6.3.1　文件控制块和索引节点

1. 文件控制块

文件控制块是用于描述和控制文件的数据结构。文件与文件控制块一一对应，文件目录就是文件控制块的有序集合，一个文件控制块就是一个目录项。通常，文件目录也被看作是文件，称为目录文件。在文件控制块中主要包含以下信息。

① 文件名。用于标识一个文件的符号名，在每个系统中，文件必须具有唯一的名字，用户可利用该名字进行存取。

② 文件的物理位置。指示文件在外存上的存储位置，包括存放文件的设备名、文件在外存上的起始盘块号，以及指示文件所占用磁盘块数或字节数的文件长度。

③ 文件逻辑结构。指示文件是流式文件还是记录式文件。对于记录式文件还需说明是定长记录还是变长记录等。

④ 文件的物理结构。指示文件是顺序文件、链接文件还是索引文件。

⑤ 文件主的存取权限。

⑥ 核准用户的存取权限。

⑦ 一般用户的存取权限。

⑧ 文件的建立日期和时间。

⑨ 文件上一次修改的日期和时间。

⑩ 当前使用信息。包括当前已打开该文件的进程数、是否被其他进程锁住、文件在内存中是否被修改而尚未复制到磁盘上。

对于不同操作系统的文件系统，由于功能的不同，可能只含有上述信息中的某些部分。图 6-9 是 MS-DOS 中的文件控制块，它含有文件名、文件所在的第一个盘块号、文件属性、文件建立日期和时间及文件长度等信息。

图 6-9　MS-DOS 中的文件控制块

2. 索引节点

（1）索引节点的引入

文件目录通常是存放在磁盘上的，当文件很多时，文件目录可能要占用大量的盘块。在查找目录的过程中，首先将存放目录文件第一个盘块中的目录，从磁盘调入内存；然后，把用户所给出的文件名与该盘块所包含目录项中的文件名逐一进行比较。若未找到指定文件，则再将下一个盘块中的目录项调入内存。设目录文件所占用的盘块数为 N，按此方法查找，则找到一个目录项平均需要调入盘块 $(N+1)/2$ 次（个）。假如一个文件控制块为 64 B，盘块的大小为 1 KB，则在每个盘块中只能存放 16 个文件控制块，若一个文件目录中有 3200 个文件控制块，需占用 200 个盘块，故查询一个文件平均需要调入盘块 100 次。

经分析可以发现，在检索文件目录的过程中，只用到了文件名，只有目录项中的文件名与指定的文件名匹配时，才需要从文件控制块中读出该文件的物理地址，其他一些描述信息在检索目录时一概不用，那么这些信息在检索时也就不需要调入内存。为此，在一些操作系统中，便采用了文件名与文件描述信息分开的办法，即把文件描述信息单独形成一个称为索引节点的数据结构，简称为 i 节点。文件目录中的每个目录项仅由文件名及指向该文件所对应的索引节点的指针构成。如在 UNIX 中，目录项占 16 B，其中文件名占 14 B，i 节点指针占 2 B。在 1 KB 的盘块中，可存放 64 个目录项，那么找到一个文件磁盘的平均启动次数减少到原来的 1/4，大大节省了系统开销。UNIX 的文件目录如图 6-10 所示。

（2）磁盘索引节点

是指存放在磁盘上的索引节点。每个文件有唯一的一个磁盘索引节点。它主要包含以下内容。

① 文件主标识。它是指拥有该文件的个人或小组的标识符。

② 文件类型。指明文件是普通文件、目录文件还是特别文件等文件类型。

③ 文件存取权限。各类用户对文件的存取权限。

④ 文件物理地址。在每个索引节点中含有 13 个地址项 i. add(0)~i. add(12)，它们可以直接或间接地给出数据文件的盘块号。

⑤ 文件长度。文件所占用的字节数。

⑥ 文件连接计数。指明系统中共享该文件的进程个数。

⑦ 文件存取时间。指出该文件最近被进程存取的时间、最近被修改的时间及索引节点最近被修改的时间等。

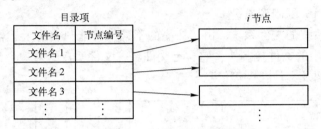

图 6-10 UNIX 的文件目录

（3）内存索引节点

是指存放在内存中的索引节点。当文件被打开时，要将磁盘索引节点复制到内存索引节点中，便于以后使用。内存索引节点包含以下内容。

① 索引节点编号。标识内存索引节点。

② 状态。指示该 i 节点已上锁或已被修改。

③ 访问计数。每当有进程要访问此 i 节点时，将访问计数加 1，访问完再减 1。

④ 文件所在设备的逻辑设备号。

⑤ 链接指针。包括分别指向空闲链表和散列队列的指针。

6.3.2 目录结构

目录结构的组织关系到文件系统的存取速度以及文件的共享性和安全性，因此，组织好文件的目录，是设计文件系统的重要环节。目前常用的目录结构形式有：一级目录结构、二级目录结构和树状目录结构。

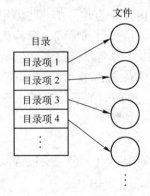

图 6-11 一级目录结构

1. 一级目录结构

一级目录结构是把系统中的所有文件都建立在一个目录下，每个文件占用其中一个目录项。当建立一个文件时，就在文件目录下增加一个空的目录项，并填入相应的内容。当删除一个文件时，根据文件名查找相应的目录项，找到对应的目录项后将内容全部置空。一级目录结构如图 6-11 所示。

对于一级目录结构而言，它的优点是简单，且能实现目录管理的基本功能——按名存取，但却存在下述缺点。

① 查找速度慢。对于稍具规模的文件系统，会拥有数目可观的目录项，致使找到一个指定的目录项要花费较长的

时间。

② 不允许重名。在同一盘内同一目录表中的所有文件都不允许与另一个文件重名。然而，重名问题在多道程序环境下，却又是难以避免的；即使在单用户环境下，当文件数较多时，用户也不可能记住所有已命名的文件名，因此也可能会出现重名现象。

③ 不便于实现文件共享。通常每个用户都具有自己的名字空间和命名习惯，因此，应当允许不同用户使用不同的文件名来访问同一个文件。然而，一级目录结构却要求所有用户都用同一个名字来访问同一个文件。

为了解决一级目录结构所存在的问题，提出了二级目录结构。

2. 二级目录结构

二级目录结构是指把系统中的目录分成两级，分别是主目录和用户文件目录。主目录由用户名和用户文件目录首地址组成，用户文件目录由用户文件的所有目录组成。二级目录结构如图 6-12 所示。

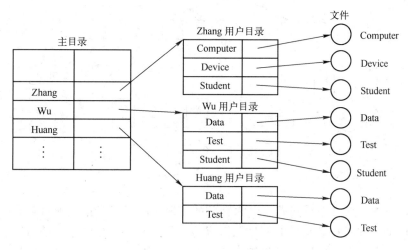

图 6-12　二级目录结构

在二级目录结构中，当一个新用户要建立一个文件时，系统在主目录中为其开辟一项，并为其分配一个存放文件目录的存储空间，然后把用户名和用户文件目录首地址填入主目录中，将文件的有关信息填到用户文件目录项中。当一个老用户建立一个文件时，在对应的空的用户文件目录项中填入相应的内容即可。当用户要访问一个文件时，先按用户名在主目录中找到用户文件目录的首地址，然后再去查找用户文件的目录项，即可找到要访问的文件。当用户要删除一个文件时，操作系统也只需查找该用户文件目录，从中找出指定文件的目录项，在回收该文件所占用的存储空间后，将该目录项清除。

二级目录结构与一级目录结构相比，具有以下优点。

① 提高了检索目录的速度

如果在主目录中有 n 个子目录，每个用户目录最大为 m 个目录项，则找到一个指定的目录项，最坏情况下需要检索 $n+m$ 个目录项。但如果采取一级目录结构，最坏情况下则需要检索 $n \times m$ 个目录项。显然，二级目录结构提高了检索目录的速度。

② 只要求用户自己的用户文件目录中文件名是唯一的，不同的用户目录中可以使用相

同的文件名。

③ 不同的用户还可以使用不同的文件名，来访问系统中的同一个共享文件。

但二级目录结构也存在不足之处：缺乏灵活性、不能反映现实世界中的多层次关系。因此，就产生了树状目录结构。

3. 树状目录结构

如果在二级目录结构中，又进一步允许用户创建自己的子目录并相应地组织自己的文件，这样便可将二级目录演变为三级文件目录。依次类推，又可进一步形成四级、五级文件目录。通常将包含三级在内的三级以上的文件目录结构称为树状目录结构。树状目录结构由根目录和多级目录组成。除最末一级目录外，任何一级目录的目录项可以对应一个目录文件，也可以对应一个数据文件，文件一定是在树叶上。树状目录结构如图 6-13 所示。

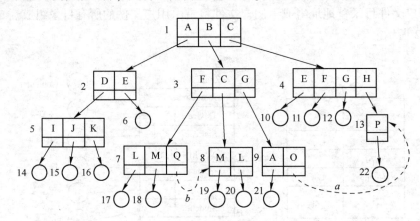

图 6-13　树状目录结构

在树状目录中，文件是通过路径名来访问的。所谓路径名是指从根目录开始到该文件的通路上所有目录文件名和该文件的符号名组成的一条路径。路径名通常是由根目录、所经过的目录文件名、数据文件名以及分隔符"/"来表示。如图 6-13 中访问文件 K 的路径名为 A/D/K。

在多级目录结构中，沿路径查找文件可能会耗费大量的查找时间，一次访问或许要经过若干次间接查找才能找到所要的文件。为解决此问题，系统引入了当前目录。用户在一定时间内，可指定某一级的一个目录作为当前目录（或称工作目录、值班目录），而后用户想访问某一个文件时，便不用给出文件的整个路径名，也不用从根目录开始查找，而只需给出从当前目录到查找的文件间的路径名即可，从而减少查找路径。

树状目录结构与前两种结构相比，有以下优点：

① 层次清楚；

② 解决了文件重名问题；

③ 查找速度快。

所以，目前常用的操作系统如 MS-DOS、OS/2、UNIX 等，都是采用树状目录结构。

6.3.3　目录查询技术

用户访问文件时，系统首先根据文件名查找文件目录，找到它的文件控制块或索引节点号；其次，经过合法性检查，从控制块或索引节点中找到该文件所在的物理地址（盘块号），换算为磁盘上的物理位置；最后，启动磁盘驱动程序，将所需的文件读入内存，进行相应的操作。目前，对文件目录进行查找的方法有顺序检索法和 Hash 方法。

1. 顺序检索法

顺序检索法又称为线性检索法。在一级目录结构中，利用用户提供的文件名，用顺序查找的方法直接从文件目录表中找到指定文件的目录项。在树状目录结构中，用户提供的文件名是由多个文件分量名组成的路径名，此时需要对多级目录进行查找。系统先读入第一个文件分量名，用它和根目录文件或当前目录文件中的各个目录项进行比较，若找到匹配项，便可得到匹配项的文件控制块或索引节点，然后系统再将路径名中的第二个分量名读入，用它与相应的第二级文件目录中各个目录项顺序进行比较，若找到匹配项，再读取第三个文件名分量、第四个文件名分量进行查找，直至全部查找完，最后可得到数据文件的文件控制块或索引节点。如果在顺序查找过程中，发现一个分量名未能找到，则应停止查找并返回"文件未找到"信息。

2. Hash 方法

建立一张 Hash 索引的文件目录，利用 Hash 方法进行查找，即系统利用用户提供的文件名，将它变为文件目录的索引值，再利用该索引值到目录中去查找。Hash 方法能提高平均检索速度。但是，现代操作系统通常提供模式匹配功能，即在文件名中使用通配符 " * " "?" 等。对于使用通配符的文件名，系统无法利用 Hash 方法进行检索目录。所以，还是需要利用顺序检索法来查找目录。

6.4　文件存储空间的管理

光碟、磁盘、磁带是保存文件内容的设备，它们被分成物理块，全部物理块组成文件存储空间。文件存储空间的管理就是对块空间的管理，包括空闲盘块的分配、回收和组织等。只有合理地进行存储空间的管理，才能保证多用户共享外存和快速地实现文件的按名存取。下面介绍常用的管理方法。

6.4.1　空闲表法

空闲表法属于连续分配方式，它与内存的可变分区存储管理方式类似，它为每个文件分配一个连续的存储空间。系统为外存上的所有空闲区建立一张空闲表，每个空闲区对应一个空闲表项，其中包括序号、该空闲区的第一个盘块号、空闲盘块数等信息，空闲区表中的表项按照起始盘块号递增排列，如图 6-14 所示。

空闲盘区的分配方法与内存的可变分区分配算法类似，同样也可以采取首次适应算法、循环首次适应算法等。系统在对用户所释放的存储空间进行回收时，也采取类似内存回收的方法。即需要考虑回收区是否与空闲表中插入点的前区和后区相邻接，对相邻接者应予以合并。

连续分配方式在内存分配中很少使用，但由于具有较高的分配速度，可减少访问磁盘的 I/O 频率，所以在外存分配中仍占有一席之地。

序号	起始盘块号	空闲盘块数
1	3	2
2	6	5
3	15	8
⋮	⋮	⋮

图 6-14　空闲盘块表

6.4.2　空闲链表法

空闲链表法是将所有空闲盘块（区）拉成一条空闲链。根据构成链的基本元素的不同可又分为空闲盘块链和空闲盘区链。

1. 空闲盘块链

空闲盘块链是以盘块为单位将磁盘上的空闲存储空间拉成一条链。当用户因创建文件而请求分配存储空间时，系统从链首依次摘下适当数目的空闲盘块分配给用户。当用户因删除文件而释放存储空间时，系统将回收的盘块依次链入空闲盘块链的尾部。这种方法的优点是用于分配和回收的过程非常简单；缺点是空闲盘块链可能很长。

2. 空闲盘区链

空闲盘区链是将磁盘上的所有空闲盘区拉成一条链，每个盘区可包含若干个盘块。在每个盘区上除含有用于指示下一个空闲盘区的指针外，还应标明本盘区的大小信息。分配盘区的方法与内存的可变分区分配方法类似，通常采用首次适应算法。在回收盘区时，同样也要将与回收区相邻接的空闲盘区与之合并。这种方法与空闲盘块链的优缺点正好相反，即分配和回收过程较复杂，但空闲盘区链较短。

6.4.3　位示图法

1. 位示图

位示图是利用二进制的一位表示磁盘中一个盘块的使用情况。如其值为"0"表示对应的盘块空闲，为"1"表示对应的盘块已分配。磁盘上的所有盘块都有一个二进制位与之对应，把所有盘块的对应位形成的集合称为位示图。通常将位示图构造成 m 行 n 列，并使 $m \times n$ 等于磁盘的总块数，如图 6-15 所示。

```
    0  1  2  3  4  5  6  7  8  9  10 11 12 13 14 15
0   0  1  1  0  1  0  1  0  1  0  0  0  1  1  0  0  1  0
1   0  0  0  0  0  1  1  0  1  0  1  1  1  1  1  0  1
2   0  1  1  1  0  0  0  0  0  0  0  1  1  1  0  0  0
                        ...
```

图 6-15　位示图

2. 盘块的分配

根据位示图进行盘块分配的过程如下。

① 顺序扫描位示图，从中找出一个或一组值均为"0"的二进制位（"0"表示对应的盘块空闲）。

② 将所找到的一个或一组二进制位转换成相应的盘块号。如果找到值为"0"的二进制位位于位示图的第 i 行、第 j 列，则其相应的盘块号应为 $m(i-1)+j$，其中 m 为位示图每行的位数。

③ 修改位示图中相应的位置为"1"。

3. 盘块的回收

盘块的回收过程如下。

① 将回收盘块的盘块号转换成位示图中的行号和列号，行号为 $(b-1)$ DIV $m+1$，列号为 $(b-1)$ MOD $m+1$，其中 b 为盘块号。

② 修改位示图中相应的位置为"0"。

位示图法的优点是占用的存储空间少，因此可以将位示图全部装入内存，在每次进行盘区分配时，无须再将磁盘分配表读入内存，从而省掉许多磁盘的启动操作。

6.4.4 成组链接法

空闲表法和空闲链法都不适合用在大型文件系统中，因为会使空闲表或空闲链太长。而在 UNIX/Linux 等系统中采用的成组链接法是上述两种方法相结合而产生的一种空闲盘块管理方法。

1. 空闲盘块的组织

（1）空闲盘块号栈。栈中存放当前可用的一组空闲盘块的盘块号和栈中盘块号的总数 n。如将空闲盘块 100 个作为一组，则栈中的空闲盘块号最多为 100 个，即 $n \leqslant 100$，n 同时也用于指示栈顶位置。由于栈是临界资源，每次只允许一个进程访问，故系统为该栈设置了一把锁。

（2）文件区中的所有空闲盘块，被分成若干个组。若当前文件区共有 405 个空闲盘块，盘块号从 45~449。每 100 个盘块为一组，每组第一个盘块记录下一组的盘块数和空闲盘块号。这样，由各组的第一个盘块可形成一条链。如图 6-16 所示，第一组的盘块号从 45~50，总共 6 块，记入空闲盘块号栈中。紧接着盘块号从 51 号~350 号分成 3 组，每组 100 个空闲盘块。最末一组从 351 号~449 号，只有 99 个盘块，盘块号在记入第 350 号盘块时，第一项存放"0"，作为空闲盘块链的结束标志。

2. 空闲盘块的分配

当系统要为用户分配文件所需的盘块时，需调用盘块分配过程。该过程首先检查空闲盘块号栈是否上锁。如未上锁，还需判断空闲盘块号数是否等于 1。若大于 1，便从栈顶取出一个空闲盘块号，将其对应的盘块分配给用户；然后将栈顶指针下移一格，也就是将空闲盘块号数 n 减 1。若等于 1，则该盘块号已是栈底，也就是栈中最后一个可分配的盘块号。由于在该盘块号所对应的盘块中记录了下一组可用的盘块号，因此，便调用磁盘读过程，将栈底盘块号所对应盘块的内容读入栈中，作为新的盘块号栈的内容；并把栈底对应的盘块分配出去（其中的有用数据已读入栈中）。

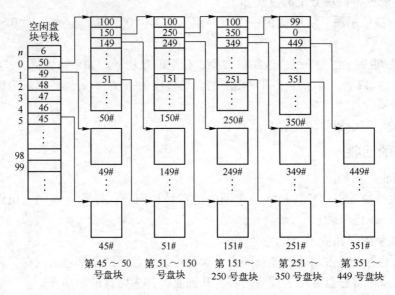

图6-16　空闲盘块的成组链接法

3．空闲盘块的回收

在系统回收空闲盘块时，需调用盘块回收过程进行回收。它是将回收盘块的盘块号记入空闲盘块号栈的顶部，并执行空闲盘块数加1操作。当栈中空闲盘块号数目已达100时，表示栈已满，便将现有栈中的100个盘块号，记入新回收的盘块中，再将新回收盘块的盘块号作为新的栈底，将新栈中的空闲盘块数置1。

6.5　文件的共享与安全

在多用户环境下，为了提高文件的利用率和方便用户，文件系统应提供允许多个用户共享一个文件的功能；同时，系统还应确保被共享文件的安全性。

6.5.1　文件的共享

文件共享是指不同用户（进程）共同使用同一个文件，文件共享有时不仅是不同用户完成共同任务所必需的，而且还可以节省大量的外存空间，减少由于文件复制而增加的访问外存次数。文件共享的方法有很多种，下面仅介绍其中的几种。

1．早期实现文件共享的方法

（1）绕弯路法

绕弯路法是 MULTICS 操作系统采用过的方法。在该方法中，系统允许每个用户获得一个"当前目录"，用户对文件的访问都是相对于"当前目录"下的，可以通过"向上走"的方式去访问其上级目录。一般用"＊"表示一个目录的父目录。在图6-13的树状目录结构图中，假定当前目录为 H，当用户要访问文件15时，可利用路径 ＊/＊/A/D/J。

当用户要访问文件 20 时，可利用路径 * / * /B/C/L。可以看出，多用户可随意访问任一文件，从而达到文件的共享。但是，为了访问一个不在当前目录下的共享文件时，往往需要花费很多时间去访问多级目录或者说要绕很大的弯路，因此，这是一种低效的文件共享方式。

（2）连访法

为了提高对共享文件的访问速度，可在相应的目录项之间进行链接，使一个目录中的目录项直接指向另一个目录中的目录项，如图 6-13 所示。例如，为了实现用户 B 的作业 G 对用户 C 的文件 P 的访问，可以建立一条如虚线 a 所示的链接。假定用户 B 的当前目录是 F，则可利用路径名 * /G/O 去访问用户 C 的文件 P。连访法也可实现同一用户不同作业间的文件共享，如为使用户 B 的作业 F 能访问作业 C 的文件 M，可建立如虚线 b 所示的链接。在采用连访方法实现文件共享时，应在文件说明中增加一个连访属性，以指示文件说明中的物理地址是指向文件还是指向共享文件的目录项，也应包括共享该文件的"用户计数"，用于表示共有多少个用户需要使用此文件。仅当已无用户需要此文件时，方可将此共享文件撤销。

（3）利用基本文件目录实现文件共享

为了实现文件共享，在文件系统中设置一个基本目录，每个文件在该目录中均占有一个目录项，目录项中包括系统赋予该文件的唯一标识符和该文件的其他有关说明信息。此外，每个用户都有一个符号文件目录，其中的每一个目录项中都含有属于该用户的文件的符号名和文件对应的唯一标识符，如图 6-17 所示。系统把其中 ID = 0，1，2 的目录项分别作为基本文件目录（BFD）、空闲文件目录（FFD）和主文件目录（MFD）的唯一标识符。要实现文件共享，只需在用户自己的目录文件中增加一个目录项，填上用户为该共享文件所起的符号名和该共享文件的唯一标识符即可。如图 6-17 中用户 Zhang 和用户 Wu 共享了唯一标识符为 6 的文件。

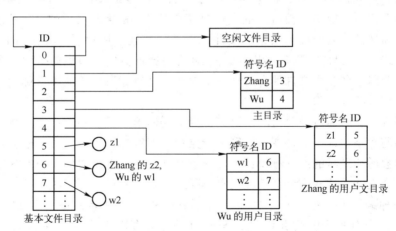

图 6-17　利用基本文件目录实现文件共享

2. 基于索引节点的共享方法

在树状结构目录中，当有两个（或多个）用户要共享一个子目录或文件时，必须将共享文件或子目录链接到两个（或多个）用户的目录中，以便能方便地找到该文件。如果通过将包含共享文件的物理地址的目录项添加到各用户目录中的方法实现共享，则当其中的某个用户向共享文件中添加新内容盘块时，这些新增加的盘块只会出现在添加它的用户目录中，这种变化对其他用户不可见。为了解决这个问题，可以引用索引节点，将诸如文件的物理地址及其他的文件属性信息，不再放在目录中，而是放在索引节点中。在文件目录中只设置文件名及指向相应索引节点的指针，如图 6-18 所示。此时，由任何用户对文件进行添加或修改，所引起的相应索引节点内容的改变，都是其他用户可见的，从而也就能提供给其他用户来共享。在索引节点中增加一个链接计数 count，用于表示链接到本索引节点（文件）上的用户目录项的数目，当有用户链接到该文件时，文件不允许删除。

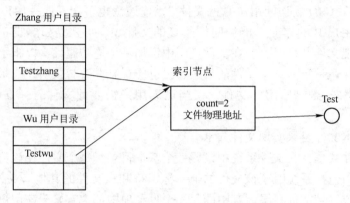

图 6-18　基于索引节点的共享方式

3. 利用符号链实现文件共享

用户甲为了共享用户乙的一个文件 A，可以由系统创建一个 LINK 类型的新文件，将新文件写入用户甲的用户目录中，以实现甲的目录与文件 A 的链接。实际上，在新文件中只包含了被链接文件 A 的路径名，称这样的链接方法为符号链接。新文件中的路径名，则只被看作是符号链，当甲要访问被链接的文件且正要读 LINK 类新文件时，被操作系统截获，操作系统根据新文件中的路径名去读该文件，于是就实现了用户甲对文件 A 的共享。在利用符号链接方式实现文件共享时，只有文件主才拥有指向其索引节点的指针，而其他共享用户只有该文件的路径名。当文件拥有者把一个共享文件删除后，其他用户对该文件的访问将会失败，于是符号链被删除。

符号链接方式能够通过计算机网络链接世界上任何地方机器中的文件，此时只需提供该文件所在机器的网络地址和文件在该机器中的路径。但符号链接方式要根据符号链逐个地去查找目录，这会增加磁盘的启动频率；另外，每个共享用户都需要建立一条符号链，由于该链实际上是一个文件，这些文件会消耗磁盘空间。

上述的两种链接方式中，每个共享文件都具有多个文件名，每一个对文件的共享都会增加一条链，当对整个文件系统进行遍历时，将会多次遍历到该共享文件。例如，当有一个程序要将一个目录中的所有文件转储到磁带上去时，就可能对一个共享文件产生多个副本。

6.5.2　文件的安全

文件共享在给用户带来便利的同时，也增加了文件系统的不安全因素。为保证文件的安全性，系统必须提供文件的安全管理功能。操作系统可以从系统级、用户级、目录级和文件级四个级别上对文件进行安全管理。

1. 系统级安全管理

系统级安全管理的主要任务是不允许未经核准的用户进入系统，从而也就防止了非法用户对系统中各种资源（包括文件）的使用。系统级安全管理的主要方法有以下几种。

（1）注册

注册的主要目的是使系统管理员能掌握要使用系统的用户情况，并保证用户名在系统中的唯一性。用户在使用系统之前，应先在系统中注册，由用户管理程序在用户表中为该用户添加一条表项。当用户不再使用系统时，再由用户管理程序将该用户的表项从用户表中删除。

（2）登录

用户在注册后，若要使用本系统，必须进行登录。登录的主要目的是通过核实用户名和口令来检查用户的合法性。用户登录成功才可以进入系统，未通过注册名和口令检查的用户，不能进入系统。

（3）其他保护措施

系统管理员可采取以下措施来进一步保证文件的系统级安全性。

① 规定用户要定期修改口令，以防口令失效。

② 限定用户在指定的终端上机，不允许任意更换终端。

③ 限定用户在规定的时间上机，其他时间不得上机。

为了能及时发现是否有用户违反上述规定，系统中备有专门的检查程序，每隔一定时间对用户登录情况进行一次检查，记录下违反规定的事件，由管理员处理。

2. 用户级安全管理

用户级安全管理是为了给用户分配"文件访问权"而设计的，用户对文件访问权的大小，是根据用户性质、需求及文件属性而分配的。用户级安全包括以下两个方面的内容。

（1）用户分类

不同系统对用户进行分类的方法不完全相同。在有的系统中，用户被分成三类。

① 文件主：指文件的创建者。

② 伙伴：由文件主指定的少数用户。

③ 一般用户。

相应地，在文件控制块或索引节点中将给出文件主和伙伴的标识符。

而在另一些系统中，则把用户分为四类。

① 超级用户：具有最高文件访问权的用户，通常是系统管理员。

② 系统操作员：系统赋予其较高的文件访问权。

③ 用户：在登录时，系统根据其需求，为其指定对一系列文件的访问权。

④ 顾客：系统限定顾客只能访问某些特定的文件。

（2）文件访问权

已经在系统中登录过的用户都具有指定的访问权。访问权决定了用户对文件所能执行的操作。当赋予用户访问指定目录的权限时，他也就具有了对该目录下所有子目录的访问权。

某些访问权也可被赋予一个用户组，这时该组中的每个成员便都具有了这种访问权。通常定义的访问权限有：建立、删除、打开、读/写、查询、修改、父权。通过对文件访问权限的规定，可以实现以下目标：

① 防止未被核准的用户存取文件；

② 防止一个用户冒充另一个用户存取文件；

③ 防止核准的用户误用文件。

3. 目录级安全管理

目录级安全管理是通过对目录的操作权限来保护目录的安全及目录中文件的安全。为了保证目录的安全性，规定只有系统核心才具有写目录的权力。这里，用户对目录的读/写和执行与一般文件中的读/写和执行的含义有所不同：读许可权表示进程读目录；写许可权表示允许进程请求系统核心为之建立新目录项，或撤销已有的目录项；执行许可权则表示允许进程检索目录，以找出一个指定文件，而执行一个目录是无意义的。

通常，系统为用户和目录分别独立地指定权限。当一个用户试图访问一个目录时，系统核心将通过比较用户访问权和目录中的访问权，来获得有效的访问权。即用户和目录都有的访问权，或者说，有效访问权是上述两个权限的交集。用户的访问权限只有在有效权限内时，才允许用户访问，否则拒绝用户访问。

4. 文件级安全管理

文件级安全管理是通过系统管理员或文件主对文件属性的设置，来控制用户对文件的访问。文件的属性有：只执行、隐含、索引、修改、只读、读/写、共享、系统。

用户对文件的访问，将由用户访问权、目录权限和文件属性三者的限制来确定。例如，对于一个只读文件，尽管用户的有效权限是读/写，但也不能进行修改、更名和删除。通过以上四级文件保护措施，可有效地实现对文件的保护。

6.5.3 数据一致性控制

文件系统的性能可表现在多个方面，如对文件访问的快速性、数据的可共享性、文件系统使用的方便性、数据的安全性和数据的一致性等。数据一致性问题，首先是在数据应用中提出来的，数据冗余、并发控制不当，以及各种故障、错误等都可能导致数据不一致情况的发生。现代操作系统大多数都已具有能够确保数据一致性的机制，用于保证文件系统中数据的一致性。

1. 事务

事务是用于访问和修改各种数据项的一个程序单位，被访问的数据可以分散在多个文件中，事务也可以被看作是一系列的读操作和写操作。当这些操作全部完成时，再以托付操作（commit operation）来终止事务。只要有一个读操作或写操作失败，则执行夭折操作（abort operation）。读或写操作的失败可能是由于逻辑错误，也可能是系统故障。一个夭折的事务，通常已执行了一些操作，因而已对某些数据项进行了修改，为使夭折的事务不会引起数据的不一致性，需要将该事务内刚被修改过的数据项恢复成原来的情况，使系统中各数据项与该事务未执行时的数据项完全相同。此时，可以说该事务"已被退回"（rolled back）。不难看出，一个事务在对一批数据进行操作时，要么全部完成，并用修改后的数据去代替原来的数据，要么一个也不修改。

事务记录表中记录了事务运行过程中数据项修改的全部信息。因而当系统发生故障时，系统可根据事务记录表中的信息执行相应的恢复操作，保证数据的一致性。

2. 检查点

由于在系统中可能存在多个并发执行的事务，因而在事务记录表中会有许多事务执行操作的记录，随着时间的推移，记录的数据也会越来越多。当系统发生故障时，在事务记录表中的记录清理起来就非常费时。引入检查点可以定期对事务记录表中的事务记录进行清理，而当系统发生故障时，只需对最后一个检查点之后的事务记录进行处理即可，这样就大大减少了恢复处理的开销。

3. 并发控制

在多用户系统中，可能有多个用户在执行事务。由于事务的原子性，各个事务必然是按某种次序依次执行的，只有在一个事务执行完后，才允许另一个事务执行，即事务对数据项的修改是互斥的，可把这种特性称为顺序性（serializability）。用于实现事务顺序性的技术称为并发控制（concurrent control）。在数据库系统和文件服务器中，主要通过锁实现并发控制。

（1）利用互斥锁来实现"顺序性"

当事务 T 要去访问某个对象（共享文件、记录或数据项）时，应先获得该对象的互斥锁。若成功，便可用来将该对象锁住，于是事务 T 便可对该对象执行读或写操作；而其他事务由于未能获得锁而不能访问该对象。如果 T 需要对一批对象进行访问，为了保证事务操作的原子性，T 应先获得这一批对象的互斥锁，以便将它们全部锁住。如果成功，便可对这一批对象执行读操作或写操作，操作完成后再将所有的锁释放。但如果在这一批对象中的某一个对象已被其他事务锁住，则此时应对那些已被锁住的对象进行开锁，宣布此次事务运行失败，但不致引起数据的变化。

（2）利用互斥锁和共享锁实现"顺序性"

利用互斥锁实现顺序性方法简单易行，但效率不高。因为当利用互斥锁锁住文件时，文件只允许一个事务读。为了解决这一问题，引入了共享锁。如果事务 T 获得了某对象 M 的共享锁，则允许 T 去读对象 M，但不允许写。在这种情况下，如果事务 T 要对 M 执行读操作，则只需获得 M 的共享锁。但如果 M 已被互斥锁锁住，则 T 必须等待；否则，便可获得共享锁而对 M 执行读操作。但如果 T 要对 M 执行写操作，则它还需获得互斥锁。若失败，则等待；否则即可获得互斥锁而对 M 执行写操作。

4. 若干具体的数据一致性问题

除了上述对数据的修改可能引起数据的不一致问题外，还有许多其他情况也可能导致数据的不一致。

（1）重复文件的一致性

为保证文件系统的可用性，在有些系统中为关键文件设置了多个重复副本，将它们分别存储在不同的地方。如果其中的一个副本丢失或损坏了，不会使数据丢失。但如果一个文件副本被修改，为了保证文件中数据的一致性，则必须同时修改其他几个文件副本，可采用两种方法来实现：一种方法是当一个文件被修改时，同时对该文件的其他副本执行同样的修改；另一种方法是为新修改的文件建立多个副本，并分别取代原来的文件副本。

（2）盘块号一致性的检查

盘块是用于存储文件的物理空间。用于描述盘块使用情况的数据结构有空闲盘块表（链），其中记录了所有尚未使用的空闲盘块的编号。文件分配表则是用于记录已分配盘块的使用情况。在正常情况下，一个盘块要么出现在空闲盘块表（链）中，要么出现在文件分配表中，而且只出现一次。如果检查发现一个盘块在两者中都出现，或都未出现，或者出现超过1次，都说明出现了数据不一致，则应采取相应的方法进行解决。

（3）链接数一致性检查

在文件目录中，每个目录项内都含有一个索引节点号，用于指向该文件的索引节点。对于一个共享文件，其索引节点号会在目录中出现多次。另外，在共享文件的索引节点中有一个链接计数 count，用来指出共享本文件的用户（进程）数。在正常情况下这两个数据应该一致，否则就是出现了数据不一致性差错，这时可根据不同情况进行处理。

6.6　本章小结

本章首先介绍了文件与文件系统的概念。文件是计算机存储信息的基本单位，是一组相关记录的集合。文件系统是操作系统中负责存取和管理文件信息的机构，是用户接触、使用操作系统过程中面对的部分，它负责管理静态的文件。

文件的结构分为逻辑结构和物理结构。文件的逻辑结构是从用户角度看到的文件结构，可分为有结构的记录式文件和无结构的字符流式文件。根据用户和系统管理上的需要，常常将记录组织成顺序文件、索引文件和索引顺序文件。文件的物理结构是文件在外存上的存储组织形式，主要涉及文件的信息如何存放在磁盘上。通常按物理结构的不同可将文件分为连续文件、链接文件和索引文件。连续文件将逻辑上连续的信息存放到存储介质上依次相邻的物理盘块中，优点是管理简单且顺序存取速度快，但是存取时必须事先知道文件的长度，文件存储时必须占用连续的存储空间，从而会产生很多"碎片"，对记录的插入和删除也比较困难。链接文件把逻辑文件存储到外存时，不要求占用连续的空间，而是存放在离散的多个盘块中，通过链接指针将这些离散的盘块链接起来，这种组织形式解决了连续文件中不适宜增、删、改的固有缺点，解决了存储器的碎片问题，提高了存储空间利用率，但是对文件进行随机存取时，效率较低。索引文件结构是另一种非连续分配的文件存储结构，通过索引表实现逻辑地址与物理地址的映射关系。对于长文件可建立多级索引来缩短索引表的长度，提高存取效率。文件的存取方式是操作系统为用户程序提供的使用文件的技术和手段，文件的存取方式与文件性质和用户使用文件的方式有关，常用的文件存取方式有顺序存取法、直接存取法和按键存取法。

文件目录是用来组织文件和检索文件的关键数据结构。文件目录有一级、二级和树状目录三种形式。一级目录结构最简单，但查找速度慢，存在文件重名问题，另外不便于文件共享。二级目录为各个用户单独建立一个目录，每个用户的文件都存储在自己的目录下。对二级目录进行扩展，形成树状目录结构，树状目录下允许用户创建自己的子目录，方便用户更合理地组织文件。

当创建文件或扩充文件时，需要申请磁盘空间；删除文件时需要回收磁盘空间。因此对文件存储空间的管理也是一个重要问题，主要管理方式有空闲表法、空闲链表法、位示图法和成组链接法。

文件的共享和安全是文件系统重要的性能指标。实现文件共享的方法很多，早期的文件共享方法有绕弯路法、连访法和利用基本文件目录实现文件共享的方法，另外比较常见的文件共享方法还有基于索引节点的共享方法和利用符号链实现文件共享的方法。操作系统中可以从系统级、用户级、目录级和文件级四个级别上对文件进行安全管理。数据冗余、并发控制不当，以及各种故障、错误等都可能导致数据不一致情况的发生，现代操作系统大多都已具备保证数据一致性的机制。

6.7　习题

1. 什么是数据项？什么是记录？
2. 文件系统模型可分为三层，试说明其每一层所包含的基本内容。
3. 一个较完善的文件系统应具有哪些功能？
4. 什么是文件的逻辑结构？什么是文件的物理结构？文件的逻辑结构与物理结构有什么联系？
5. 你认为内存管理与外存管理有何异同？
6. 如何提高对变长记录顺序文件的检索速度？
7. 索引顺序文件与索引文件的索引表有何不同？有什么优势？
8. 对目录管理的主要要求是什么？
9. 什么是文件控制块？什么是索引节点？两者有什么联系？
10. 目前常用的目录结构有哪些？各有什么优缺点？
11. 文件存储空间的管理方法主要有哪些？
12. 基于索引节点的共享方法有什么优缺点？
13. 基于符号链的文件共享方法有什么优缺点？
14. 在对文件的四级安全管理中，每一级安全管理的主要用途是什么？
15. 引入检查点的目的是什么？引入检查点后如何进行恢复处理？
16. 为什么要引入共享锁？如何利用互斥锁或共享锁实现事务的顺序性？
17. 当系统中有重复文件时如何保证其一致性？
18. 如何检查盘块号的一致性？

第 7 章　操作系统接口

本章内容提要及学习目标

操作系统是计算机硬件系统与用户进行交流的桥梁，计算机通过操作系统可以了解到用户"想干什么"；用户通过操作系统可以知道计算机"干了什么"，还可以通过操作系统，高效、方便、安全、可靠地操控计算机的硬件和软件资源，帮助用户解决相应的问题。学习了本章后读者应该了解脱机用户接口与联机用户接口的概念；掌握联机命令接口与用户图形界面的相关知识；更深入地了解系统调用的概念、分类、实现过程等。

为了使用户能够方便地使用操作系统，操作系统向用户开放了"用户与操作系统的接口"，即用户接口，如图 7-1 所示。

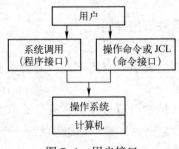

图 7-1　用户接口

7.1　脱机用户接口

脱机用户接口源于早期批处理系统，在批处理系统中，系统不具备交互性，用户既不能直接控制作业的执行过程，也不能用自然语言描述控制意图，所以操作系统为这类脱机的用户提供了相应的接口。

脱机用户接口一般是专为批处理作业的用户准备的，所以，也称为批处理用户接口。操作系统中提供了一个作业控制语言（job control language，JCL），它由一组作业控制卡、作业控制语句或作业控制操作命令组成。在作业的控制中，脱机作业方式主要是通过作业控制语言编写用户作业的说明书。在整个控制过程中，用户不直接干预作业的运行，而是将作业和作业的说明书一起提交给系统，当系统调度到这一作业时，由操作系统根据作业说明书的顺序对其中的作业控制语言和命令进行编译执行。

脱机用户接口的主要特征是用户事先使用作业控制语言描述好对作业的控制步骤，由计算机上运行的内存驻留程序（执行程序、管理程序、作业控制程序、命令解释程序）根据用户的预设要求自动控制作业的执行。

由于批处理作业的用户在作业的运行过程中，不能直接与作业进行交互，只能由操作系统对作业进行控制和干预，JCL 就是提供给用户，为实现所需作业控制功能委托系统控制的一种语言。批处理命令的一些应用方式有时也被认为是联机控制方式下对脱机用户接口的一种模拟。因此，UNIX/Linux 中的 Shell 也可以认为是一种 JCL。

在进行处理之前，用户事先使用 JCL 语句，将用户的运行意图和需要对作业进行的控制与干预写在作业说明书上，将作业与作业说明书一起提交给系统。当系统调度到该作业运行时，系统调用 JCL 语句处理程序或命令解释程序，对作业说明书上的语句或命令进行逐条解释执行。如果在作业执行的过程中出现异常情况，系统会根据用户在作业说明书中的指示进行干预。就这样，作业一直在作业说明书的控制下进行运行，直到作业运行结束。由此可见，JCL 为用户的批处理作业担任了一种作业级的接口。

7.2　联机用户接口

联机用户接口由一组命令及命令解释程序组成，所以又称为命令接口，它为联机用户提供了调用操作系统功能，也是请求操作系统为用户服务的手段。当用户输入一条命令后，系统便立即调入命令解释程序，对该命令进行处理和执行。用户可以通过输入不同的命令，来实现对作业控制，直至作业完成。

不同操作系统的命令接口各不相同，不仅是命令的种类不同，命令的数量和功能也有可能不同。命令的形式和用法的不同使得各自的用户界面也不一样。

7.2.1　联机命令接口

为了实现用户与计算机间的交互，在当今几乎所有的计算机操作系统中，都向用户提供了联机命令接口，即允许用户在终端上输入命令，取得操作系统的服务，并控制自己程序的运行。联机命令接口也可以称为字符显示式的用户界面，主要通过命令语言来实现，又可分成两种方式：命令行方式和批命令方式。联机命令接口应包括一组联机命令、终端处理程序和命令解释程序。用户在利用联机命令接口与计算机进行交流时，先在终端上输入所需的命令，当一条命令输入完毕后，由命令解释程序对其进行分析并执行相应命令的应用处理程序。

1. 命令行方式

命令语言具有规定的词法、语法和语义，它以命令为基本任务，完整的命令集构成了命令语言，反映了系统提供给用户可使用的全部功能。每个命令以命令行的形式输入并提交给系统，一个命令行由命令关键词和一组参数构成，指示操作系统完成系统规定的功能。对初级用户来说，命令行方式十分烦琐，难以记忆；但对有经验的用户来说，命令行方式用起来十分方便快捷，可以进行多种组合，完成用户的各种复杂要求，所以至今还有许多用户喜欢使用这种命令形式。

简单命令的一般形式为：

<命令关键词>［参数 1　参数 2　参数 3　……参数 n］

其中，命令关键词规定了命令的功能，又叫作命令动词，是命令名。参数表示命令的自变量，如文件名、参数值等。命令动词所带的参数数目是由命令关键词决定的，是可有可无、可多可少的，依据具体命令的要求而定，例如：ls -l /usr/mengqc。

UNIX 命令行的一般格式是：

命令名　［选择项］［参数］

其中，命令名是命令的名称，如 date、ls 等，总是出现在命令行的开头位置。

选择项和参数外的"［"和"］"，表示语法上选择项和参数是可有可无的。选择项是一种标志，常用来扩展命令的特性或功能，往往是一个个英文字母，在字母前面有一个连字符"-"，例如：ls -l。

有时也可以将几种表示不同含义的选项字母组合在一起对命令发生作用，如：ls -la。

参数表示与简单命令的参数要求是相同的。

在命令行中，命令名、选择项和参数彼此之间都需要用空格（通常是这样，也可以是其他间隔符号）或制表符隔开；否则，如果连在一起，就往往会出错。

在 UNIX 中，常用的简单命令有：pwd、date、who、echo、ls、cal、uname、logname、env 等。在 UNIX 中，还会有文件操作命令、目录操作命令、有关口令、权限和帮助命令、有关软盘的使用命令和有关进程管理的命令等。

不同的操作系统的命令形式也存在一定的差异，如，在 Linux 中，常用的命令可以分成以下几大类。

（1）文件管理类

cat、chattr、chgrp、chmod、chown、cksum、cmp、diff、diffstat、file、find、git、gitview、indent、cut、ln、less、locate、lsattr、mattrib、mc、mdel、mdir、mmove、mread、mren、mtools、mv、od、paste、patch、rcp、rm、slocate、split、tee、touch、umask、which、cp、whereis、mcopy、rhmask、scp、awk、read 等。

（2）文件传输类

lprm、lpr、lpq、lpd、bye、ftp、uuto、uupick、uucp、uucico、tftp、ncftp、ftpshut、ftpwho、ftpcount 等。

（3）文本处理类

col、colrm、comm、csplit、ed、egrep、ex、fgrep、fmt、fold、grep、ispell、jed、joe、join、look、mtype、pico、rgrep、sed、sort、spell、tr、expr、uniq、wc、let 等。

（4）磁盘管理类

cd、df、dirs、du、edquota、eject、mcd、mdeltree、mdu、mkdir、mlabel、mmd、mrd、mzip、pwd、quota、mount、mmount、rmdir、rmt、stat、tree、umount、ls 等。

（5）磁盘维护类

cfdisk、dd、fsck、fsconffdformat、hdparm、mformat、mkbootdisk、mke2fs、swapon、symlinks、sync、mbadblocks、fdisk、losetup、mkfs、sfdisk、swapoff 等。

（6）网络通信类

dip、getty、uux、telnet、uulog、uustat、ppp–off、netconfig、nc、httpd、ifconfig、mesg、dnsconf、wall、netstat、ping、samba、setserial、talk、uuname、netconf、write、efax、pppsetup、smbd 等。

（7）系统管理类

adduser、chfn、useradd、date、exit、finger、fwhios、sleep、halt、kill、last、login、logname、logout、ps、nice、top、pstree、reboot、rlogin、rsh、screen、swatch、uname、chsh、userconf、usermod、vlock、who、whois、renice、su、skill、w、id、free 等。

（8）系统设置类

reset、aumix、bind、chroot、clock、declare、depmod、enable、eval、export、rpm、insmod、lilo、lsmod、minfo、set、passwd、modinfo、time、setup、timeconfig、ulimit、unset、chkconfig 等。

（9）备份压缩类

ar、bunzip2、bzip2、gunzip、unarj、compress、cpio、dump、uuencode、gzexe、gzip、lha、restore、tar、uudecode、unzip、zip、zipinfo 等。

2. 批命令方式

在使用操作命令的过程中，为了能连续地使用多条键盘命令，或反复地执行指定的若干条命令，而又免去重复敲击这些命令的麻烦，现在操作系统都支持一种特别的命令称为批命令。它的实现思想是：规定一种特别的文件称为批命令文件，通常该文件有特殊的文件扩展名，例如在 MS-DOS 中，该种文件的后缀名为".BAT"；在 UNIX 系统中称为命令文件。它们都是利用一些键盘命令构成一个程序，放在相应的文件中，一次建立供多次执行。这样就减少了输入次数和输入过程中可能出现的错误，方便用户操作，节省时间。在 MS-DOS 中，就是用 batch 命令执行由指定或默认驱动器的工作目录上指定文件中所包含的一些命令。

在操作系统中，还支持命令文件使用一套控制子命令，可以写出带形式参数的批命令文件。当带有形式参数的批命令文件执行时，可用不同的实际参数去替换，这样就使得一个批命令文件可以执行多个不同的命令序列，大大增强了命令接口的处理能力。在 UNIX 和 Linux 中的 Shell 就不仅仅是一种交互型的命令解释程序，同时也是一种命令级的程序设计语言解释程序。使用 Shell 简单命令、位置参数和控制流语句编制带有形式参数的批命令文件，就被称为 Shell 文件或 Shell 过程，它可以自动解释和执行该文件或过程中的命令。

7.2.2　图形化用户界面

在使用操作系统对计算机进行操作的过程中，用户可以通过联机命令接口的方式来获得服务，控制自己作业的运行。在此过程中，用户需要牢记各种命令的动词和参数，必须严格按规定的格式输入命令，这样既不方便，又花费时间，也不利于计算机的普及。如果利用命令接口来进行文字处理、图形的绘制和编辑等，就更加不方便了。这样，图形化用户界面（graphics user interface，GUI）便应运而生了，它是近年来最为流行的联机用户接口形式。在 20 世纪 90 年代新推出的主要操作系统中，都提供了图形用户接口，其中 Microsoft 公司的 Windows 是最具代表性的。

图形化用户界面采用了图形化的操作界面，使用 WIMP 技术（即窗口 Window、图符 Icon、菜单 Menu 和鼠标 Pointing device），引入各种形象的图符将系统的各项功能、各种应用程序和文件，直观、逼真地表示出来。用户可以通过选择窗口、菜单、对话框和滚动条完成对他们作业和文件的各种控制和操作。在图形用户界面中，除指定设备（如鼠标、触摸板）外，最重要的元素是图标、窗口和菜单。通过图形化用户界面，用户不必死记硬背操作命令，就能轻松自如地完成各项工作，使计算机系统成为一种非常有效且生动有趣的工具。

图形化用户界面的鼻祖首推 Xerox 公司的 Palo Aito Research Center 于 1981 年在 Star8010 工作站操作系统中所使用的图形用户接口；1983 年，Apple 公司又在 Apple Lisa 机和 Macintosh 机上的操作系统中成功使用 GUI；还有 Microsoft 公司的 Windows、IBM 公司的 OS/2、UNIX 和 Linux 使用的 X-Window。

为了促进 GUI 的发展，现在已经形成了国际 GUI 标准，该标准规定了 GUI 由以下部件构成：窗口、菜单、列表框、消息框、对话框、按钮、滚动条等，最早由 MIT 开发的 X-Windows 已成为事实上的工业标准。许多系统软件和程序开发工具，如 Windows NT、Visual C++、Visual Basic 等，均可随应用程序的需要自动生成应用程序的 GUI，大大缩短了应用程序的开发周期。

图形化操作界面又称为多窗口系统，采用事件驱动的控制方式，用户通过动作来产生事件以驱动程序工作，事件实质上是发送给应用程序的一个消息。用户按键或单击鼠标等动作都会在计算机中产生一个事件，通过中断系统引出事件驱动控制程序工作，对产生的事件进行接收、分析和处理，最后清除处理过的事件。

下面以 Microsoft 公司的 Windows 10 为背景来介绍图形化用户界面。

1. 桌面与图标的初步概念

在运行 Windows 时，操作都是在桌面上进行的。所谓的桌面，是指开机后显示的整个屏幕空间，即在运行 Windows 时用户所看到的屏幕。桌面是由多个任务共享的。为了避免混淆，每个任务都通过各自的窗口显示其操作和运行情况，因此，Windows 允许用户在桌面上同时运行多个窗口。所谓的窗口是指屏幕上的一块矩形区域。用户可以通过窗口中的图标去对应用程序或文档进行查看和操作；应用程序可以通过窗口向用户展示系统所能提供的各项服务及其与用户交互的信息。

图标是代表一个对象的小图像，它可用来表示一个程序、一个数据文件、一个系统文件或一个文件夹。对图标的相关操作，可以打开相应对象的窗口，从而启动相应的程序或显示相应文件或文件夹的内容。

在 Windows 10 操作系统中，桌面上有很多常见的图标，如：此电脑、Administrator、网络、回收站、控制面板等，在【此电脑】窗口中有【3D 对象】【视频】【图片】【本地磁盘(C:)】等图标，如图 7-2 所示。

2. 窗口

一般的窗口主要由标题栏、菜单栏、工具栏、控制按钮、最小化按钮、最大化按钮、关闭按钮、滚动条、边框和工作区域等组成。如图 7-3 所示，这是 Windows 10 系统中一个较为典型的窗口，即【此电脑】窗口，操作系统中有很多与之类似的窗口布局，操作方法基本相同的。

用户对图标进行双击，或右击图标，在弹出的快捷菜单中选择【打开】选项，便可以打开相应的窗口，用户可以根据需要进行进一步的操作。在 Windows 10 中允许用户同时打开多个窗口（多任务处理），但只能有一个窗口处于激活状态（前台任务），该窗口标题栏的颜色与其他打开的窗口或任务（后台任务）的标题栏颜色不一样。用户可以通过单击某

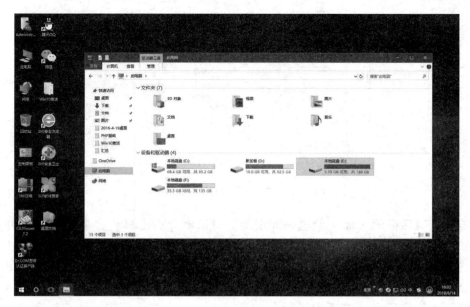

图 7-2 图标与窗口

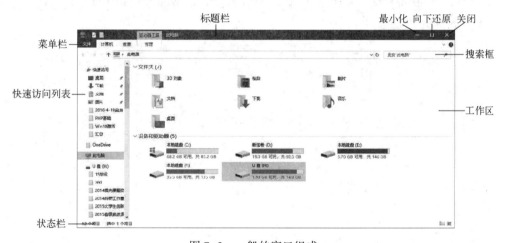

图 7-3 一般的窗口组成

一任务窗口的任意位置,将后台任务激活为前台任务,也可以使用 Alt+Tab 组合键进行任务切换。无论是前台任务还是后台任务都同时在计算机中运行,共同获得 CPU、内存等资源的使用权。

　　用户可以通过鼠标拖动标题栏来移动窗口在桌面上的位置,可以用鼠标拖动窗口边框(水平或垂直)和窗口角(水平和垂直同步)来改变窗口的大小,单击最小化、最大化按钮可以对窗口进行最小化、最大化等操作,单击"关闭"按钮可关闭窗口或结束相应应用程序的运行,也可以在窗口标题栏右击,执行弹出菜单中的【最小化】【最大化】【关闭】等选项,完成窗口的最小化、最大化、关闭等功能,如图 7-4 所示。

3. 对话框

　　在 Windows 10 操作系统中有多种对话框,对话框也是一种特殊的窗口,对话框的大

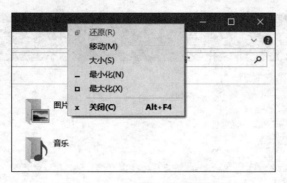

图 7-4　窗口标题栏右击快捷操作

小是固定的，对话框的布局一般也是固定的。对话框没有工具栏，主要用途是实现计算
机与用户之间的交互，用户可在其中的文本框中输入文本信息，也可以通过其中的复选
框、单选按钮、列表框等来选择输入信息。对话框的大小、形状各不相同，有的简单，
有的复杂。对话框一般还提供了一个或多个命令按钮，如"确定""取消""提交"等。
有些对话框还提供了多个选项卡进行分类显示，在一些对话框中，还会看到"?"按钮，
单击该按钮后，可获得对话框的相关帮助说明信息。例如 Word 软件中的"页面设置"对话
框，如图 7-5 所示。

图 7-5　Word 文档中的"页面设置"对话框

4. 菜单

在 Windows 10 操作系统中，有"开始"菜单、菜单栏、弹出式菜单、下拉式菜单等多
种类型的菜单。每种菜单一般都包含若干个菜单项，而每一个菜单项通常都对应于相关的命
令与功能，用户可以通过鼠标或键盘在菜单中进行选择，向系统发出服务请求。在菜单中一
般还会有下一级的菜单，通常称为"子菜单"。

菜单的形式虽然多种多样，但其最终的目标是方便用户使用，下面以 Word 软件为
例，对三种菜单进行简单说明。如图 7-6 所示，这是 Word 软件中的【菜单】选项卡；

如图 7-7 所示，这是 Word 软件中的【插入】选项卡中【文档部件】下拉菜单及【自动图文集】子菜单；如图 7-8 所示，这是在 Word 文档的空白处右击时出现的弹出式菜单。

图 7-6　【菜单】选项卡

图 7-7　下拉菜单

图 7-8　弹出式菜单

5. 新一代用户界面

随着科学技术的发展，计算机现在已不是一种奢侈品了，用计算机解决日常工作与生活中的问题已经成为一种习惯，对计算机的操作也不再需要对计算机专业知识有深入的了解，如何使更多的人更加方便直观地使用计算机？如何不断更新技术，为用户提供形象直观、功能强大、使用简便、易于操作的用户界面，便成为操作系统领域的一个热门研究课题。例如，具有沉浸式和临场感的虚拟现实应用环境已进入实用阶段，使用户界面的发展达到了一个新的高度。多感知通道用户接口、自然化用户接口，甚至智能化用户接口的研究也都取得了一定的进展。随着 VR、AR 等技术的应用与普及，全景化用户界面也越来越多地来到我们身边。

7.3 系统调用

系统调用是为了扩充机器功能、增强系统能力、方便用户使用而建立的。系统调用提供了用户程序和操作系统之间的接口，应用程序则通过系统调用实现与操作系统的通信，并获得服务。用户程序或其他系统程序不必了解操作系统的内部结构与硬件细节，它是用户程序或其他系统程序获得操作系统服务的唯一途径。系统调用可以为所有应用程序服务，也可以为操作系统的其他部分服务，尤其是命令处理程序。

7.3.1 概述

系统调用是操作系统提供给用户程序的唯一接口，具体地说，系统调用是操作系统内核中提供的一些系统子程序。用户可通过特殊的系统调用指令（也称为访管指令）来调用这些子程序，从而使用户在自己的程序中可获得操作系统提供的服务，如打开文件、创建子进程等基本操作。由于操作系统过程的特殊性，应用程序不能采用一般的过程调用方式来调用这些过程，而是利用一种系统调用命令去调用需要的系统过程。

"基于 UNIX 的可移植操作系统接口"是由国际标准化组织给出的有关系统调用的国际标准，任何操作系统只有符合这一标准，才有可能运行 UNIX 程序。这个标准指定了系统调用的功能，但并未明确规定系统调用以什么形式实现，是库函数，还是其他形式。在很多操作系统中都完成了类似功能的系统调用，但在细节上差异较大。早期操作系统的系统调用使用汇编语言编写，系统调用可以在汇编语言编程中直接使用，因为系统调用被当成了扩展的机器指令。但在高级语言中，应用程序一般通过相应的库函数来使用系统调用，库函数中有些是与系统调用无关的，库函数的目的是隐藏访管指令的细节，使得系统调用更像是一般的过程调用。现在一般的操作系统新版本都直接使用 C 语言进行编写，并以库函数的形式提供，所有以 C 语言编写的程序中，可以直接使用系统调用。如图 7-9 所示的是 UNIX/Linux 的用户、系统程序、库函数与系统调用的层次关系。其中标准系统程序主要是汇编、编译、编辑 Shell 等应用程序，标准库函数主要有打开、关闭、读/写、创建、撤销等标准函数。操作系统的系统调用主要有进程管理、存储管理、文件管理、设备管理等。

1. 系统调用与过程调用的主要区别

程序中执行系统调用或过程（函数）调用，虽然都是对某种功能或服务的需求，但系

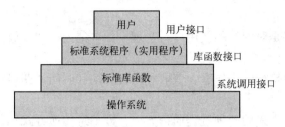

图 7-9　用户、系统程序、库函数与系统调用的层次关系

统调用与一般的过程调用还是有一定的区别的，主要有以下几点。

（1）运行在不同的系统状态

在一般的过程调用中，调用程序和被调用程序都运行在相同的状态，即系统态或用户态。而系统调用，其调用程序是运行在用户态，而被调用程序则是运行在系统态。

（2）通过软中断进入

一般的过程调用可以通过过程调用语句直接由调用过程转向被调用过程；而在运行系统调用时，因为调用与被调用过程工作在不同的系统状态，所以不允许进行直接转向，必须通过执行系统调用指令（也称访管指令），由软中断（或陷入机制）转向相应的系统调用处理子程序，同时，CPU 的执行状态将从用户态转换为系统态。

（3）返回问题

一般的过程调用在被调用过程执行完毕后，将直接返回到调用过程继续执行；而对于系统调用而言，如果系统采用的是抢占调度方式，则在被调用过程执行完毕后，必须先对系统中所有要求运行的进程进行优先级分析。只有当调用进程仍具有最高优先权时，才会返回到调用进程继续执行；否则需要将调用进程放入就绪队列，重新调度。

（4）嵌套调用

在系统调用中也可以进行嵌套调用，即当被调用过程在执行时，还可以调用另一个系统调用。每个系统对嵌套调用的深度都有一定的限制，通常不超过 6。

一个操作系统一般都具有很多功能，可以从其所提供的系统调用上表现出来。由于操作系统的性质不同，所提供的系统调用也会有一定的差异。

2．系统调用的分类

操作系统提供的系统调用很多，对于一般通用的操作系统而言，根据系统调用的功能不同，系统调用大致可分为以下六类。

（1）进程和作业管理

这类系统调用主要用于对进程的控制与作业的管理，如终止或异常终止进程、装入和执行进程、创建和撤销进程、获取和设置进程属性等。

（2）文件操作

对文件进行操作的系统调用数量较多，如建立文件、删除文件、打开文件、关闭文件、读写文件、获得和设置文件属性、建立目录及移动文件的读/写指针等。

（3）设备管理

设备管理类系统调用主要是对连接到计算机或计算机内相关部件的相关操作，如申请设备、释放设备、设备 I/O 和重定向、获得和设置设备属性、逻辑上连接和释放设备等。

（4）内存管理

该类系统调用主要是对内存的使用进行管理，如申请内存和释放内存等。

（5）信息维护

该类系统调用主要执行的操作有：获取和设置日期和时间、获得和设置系统数据等。

（6）通信

在操作系统中，经常采用两种进程通信方式，即消息传递方式和共享存储区方式。主要的系统调用操作有：建立和断开通信连接、发送和接收消息、传送状态信息、连接和断开远程设备等。

7.3.2　系统调用的实现

系统调用的实现与一般过程调用的实现相比，存在较大的差异。每个操作系统都提供了几十到几百条的系统调用，实现系统调用功能的机制称为陷入或异常处理机制，在该机制中包括了中断和陷入硬件机构及陷入处理程序两个部分。

在操作系统中，每个系统调用都事先规定了编号，称为功能号，在访管或陷入指令中必须指明对应系统调用的功能号，在大多数情况下，还附带有传递给内部处理程序的参数。

1. 系统调用实现的功能

系统调用实现的主要功能有以下几点：

① 编写系统调用处理程序；

② 设计一张系统调用入口地址表，每个入口地址都指向一个系统调用的处理程序，有的系统还包含系统调用自带参数的个数；

③ 陷入处理机制，需要开辟现场保护区，以保存发生系统调用时的处理器现场。

系统调用的执行方式因系统而异，在 UNIX 操作系统中，是执行 CHMK 命令；而在MS-DOS操作系统中，则是执行 INT21 软中断。在设置了系统调用号与参数后，便可执行一条系统调用命令。系统调用的具体格式也是因系统而异，但从用户进入系统调用程序的步骤及其执行过程来看，却大致相同。系统调用的处理过程如图 7-10 所示。

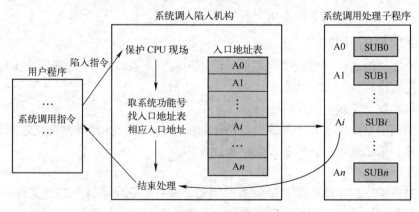

图 7-10　陷入机构和系统调用处理过程

2. 系统调用的处理过程

系统调用的处理过程主要通过以下几个步骤完成。

① 提供系统调用号和必要的参数。用户程序必须根据其所欲获得的操作系统服务向系统调用处理程序提供相应的系统调用号和必要的参数（如打开文件系统调用中的文件路径名和打开方式等）。

② 执行系统调用指令。通过执行 CPU 提供的系统调用指令产生软中断（或陷入），从而由硬件进行现场保护，并根据中断向量将 CPU 的控制转向系统调用总控程序，同时 CPU 的状态将从用户态转向系统态。

③ 调用相应的系统调用处理子程序。系统调用总控程序将进行系统调用的一般性处理，如保存某些通用寄存器的值，并根据系统调用号和系统内部设置的系统调用入口表转向相应的系统调用处理子程序完成特殊的功能要求。

④ 返回执行结果。在系统调用处理子程序执行后，系统要把执行是否成功以及成功时的执行结果返回给调用者，并有可能进行 CPU 的重新调度，最后通过中断返回指令恢复执行系统调用的用户进程或新进程的现场，继续往下执行。

系统调用的功能主要是由系统调用子程序来完成的。对于不同的系统调用，其处理程序将执行不同的功能。

3. 系统调用的参数类型及传递

每一条系统调用都有若干个参数，在执行系统调用时，设置系统所需的参数主要有以下两种方式。

① 直接将参数送往相应的寄存器。这是最简单的一种方式，在 MS-DOS 操作系统中就采用这种方式。这种方式的主要问题是由于寄存器个数有限，因而限制了所设置参数的数目。

② 参数表方式。将系统调用所需的参数放在一张参数表中，再将指向该参数表的指针放在某个指定的寄存器中。当前绝大部分的操作系统就是采用这种方式，如 UNIX 操作系统。这种方式又可进一步分成直接与间接两种方式。

系统调用中的参数传递也是一个非常重要的问题。不同的系统调用传递给系统调用处理程序的参数也不尽相同，而系统调用执行的结果也要以参数的形式返回给用户程序。实现系统调用与用户程序之间的参数传递，主要采用以下的方式进行。

① 访管指令或陷入指令自带参数。在指令后的若干单元中存放参数或者参数的地址。

② 通过 CPU 的能用寄存器传递参数，因空间有限，所以不适合进行大量数据的传输。

③ 在内存中开辟专用堆栈区域传递参数。

7.4　本章小结

为了使用户能够更加方便灵活地运用系统的各项功能与服务，操作系统为用户提供了各种类型的接口，用户可根据自身的不同需要选用不同的用户接口。

本章主要介绍了当前主流的操作系统为用户提供的接口类型，即脱机用户接口、联机用户接口。在联机用户接口中，又对联机命令接口和图形用户接口进行了相应阐述。这些接口是操作系统在不同层次上为用户提供的系统功能和服务，彼此不可替代，用户可根据自身需要选择能够满足自己的最佳系统接口类型。本章还对系统调用的相关内容进行了说明，对系统调用的概念、类型、与一般调用过程的区别、系统调用的处理过程等方面知识作了深入介绍。通过学习，读者应该对操作系统接口的基本知识有了深入的了解，这也有助于读者对操作系统本身的研究和探讨。

7.5 习题

1. 操作系统的接口有哪几种？它们分别适用于哪种情况？

2. 脱机命令接口与联机命令接口有什么不同？

3. 命令接口和图形用户接口分别有什么优缺点？

4. （选项填空）操作系统向用户提供的接口有多种：通过（　　），用户可从终端输入 dir（或 ls）并按回车键来显示当前目录的内容；通过（　　），用户可双击窗口中的图标来运行相应的程序；通过（　　），用户程序可使用 open( ) 来打开一个文件；通过（　　），用户可将作业说明书和作业一起提交给系统，从而让系统按作业说明书的要求来运行作业。

（1）脱机用户接口　　（2）联机命令接口　　（3）系统调用接口　　（4）图形用户接口

5. （选项填空）有同一台 IBM 个人机上，可以运行 Windows、Linux、UNIX、DOS 等不同的操作系统，它们的系统调用一般是通过执行（　　）系统调用指令来完成的；对运行不同硬件平台上的 Linux 操作系统，它们执行的系统调用指令一般是（　　）。

（1）相同的　　（2）不同的

6. 简述系统调用的过程。

7. 什么是系统调用？它与一般的过程调用有何区别？

第8章　常用操作系统简介

本章内容提要及学习目标

　　在我们已经较为详细全面地对操作系统的相关基本知识、基本功能以及它们的实现方式有了一定的了解后，为了读者能够更好、更深入、更具体地了解操作系统，本章将对常用的操作系统作一个简单的介绍。通过本章的学习要让读者了解 DOS 操作系统的历史、功能与构成，了解常用的 DOS 命令；了解 Windows 操作系统的发展、功能与特点；了解 UNIX 与 Linux 操作系统的相关知识，并掌握各自的特点。

8.1　Windows 操作系统

　　Windows 操作系统是目前微型计算机中最为常见的操作系统，从 1983 年 11 月 Microsoft 公司宣布 Windows 诞生到今天 Windows 10 的发布，Windows 操作系统已经走过了 20 多个年头，其发展过程中出现了多个版本，Windows 3.0、Windows 95、Windows 98、Windows 2000、Windows XP、Windows Vista、Windows 7、Windows 8、Windows 10 等，这些操作系统的优点是都采用了图形用户界面方式，将各种命令和功能转换成菜单选择方式，极大地方便了用户的操作，而在功能方面也有了很大的提高，极大地满足了用户的基本需求。对于网络的支持与安全地位的提升，作出了不懈的努力，也取得了非常好的效果。

8.1.1　Windows 操作系统概况

　　Microsoft 公司成立于 1975 年，到现在已经成为世界上最大的软件公司，其产品覆盖操作系统、编译系统、数据库管理系统、办公自动化软件和因特网支撑软件等各个领域。图形化用户界面操作环境的思想首先在 Xerox 公司的商用 GUI 系统（1981 年）、Apple 公司的Lisa（1983 年）和 Macintosh（1984 年）等系统中得到了使用。20 世纪 80 年代初，由 Microsoft 公司开发的 MS-DOS 操作系统得到了最为广泛的使用，成为了事实上 16 位微机上的标准操作系统，20 世纪 80 年代也是 DOS 的最盛行时期，全世界大约有 1 亿台计算机使用 DOS 操作系统；1983 年 11 月推出 Windows 计划，并于 11 月正式发布 Windows 1.0。1987 年又推出 Windows 2.0 版本，这两个版本基本上没有多少用户。1990 年发布的 Windows 3.0 版对原来的系统进行了彻底改造，在功能上作了很大扩充，引入了友善的图形用户界面，支持多任务和扩展内存的功能，使计算机更便于使用，很多用户开始使用；而用户的大量使用，以及对网络功能的急切需求又促使 Microsoft 公司很快地推出了具有联网功能的 Windows For Work-group（简称 WFW）。1992 年 4 月 Windows 3.1 发布之后，Windows 逐步取代了 DOS 在全世界流行。但从 Windows 1.x 到 Windows 3.x，系统的运行都必须依靠 DOS 提供的基本硬件管理功能才能工作，因此，整个 Windows 操作系统严格来说不能称为真正的操作系统，只能说是图形化用户操作环境。1995 年 8 月 Microsoft 公司放弃了开发新的 DOS 版本，而推出了 Windows 95 操作系统，它能够运行在硬件上，而不再依赖于其他操作系统，是真正的新型操作系统。以后整个操作系统的发展就进入了一个快速发展的时代，Microsoft 公司相继推出了 Windows 97、Windows 98、Windows 98 SE 和 Windows Me（Microsoft Windows Millennium Edition）等后继版本。

Microsoft 公司在个人计算机操作系统开发的同时，在服务器操作系统的开发上也在同步进行。Microsoft 公司于 1993 年发布了 Windows NT 3.1，随后又推出了 Windows NT Advanced Server 3.1。但这两个操作系统并没有人们预期的那么好，对硬件要求偏高，NOS 性能不佳，所以没有能够得到广泛的应用。1994 年，Microsoft 公司又推出了 Windows NT 3.5，降低了对硬件的要求，在网络互联与运行效率上都有了较大的提高，使用者日益增多。随后又相继发布了 Windows NT 3.51、4.0、5.0 Beta1 和 Beta2 等版本。NT 3.51 是 Microsoft 公司在 LAN NOS 上的转折点，性能得到极大提高。NT 4.0 在继承了 NT 3.51 的出色技术性能与安全可靠性的基础上，性能又有了较大的改进，比 NT 3.51 的吞吐量高出 66%，集成了 IIS，实现了对 Internet/Intranet 的支持。NT 5.0 版本较 NT 4.0 版本，在性能和功能上都有了较大提高，如支持超大内存、动态目录服务和加密文件系统、集成了分布式安全功能。而 Windows NT 5.0 版本于 1998 年 10 月被更名为 Windows 2000，NTW 被更名为 Windows 2000 Professional，NTS 被更名为 Windows 2000 Server。还有其他的名称，如 Windows 2000 Data Center Server、Windows 2000 Advanced Server 等也是 Windows 2000 的服务器版本，不同之处是它们支持的 SMP 数目不一样，Windows 2000 Server 支持双向 SMP；Windows 2000 Advanced Server 支持 4 向 SMP；而 Data Center Server 版本则支持 16 向的 SMP。

Windows 3.x 和 Windows 9x 都属于家用操作系统范畴，主要运行于个人计算机系列。Windows NT 和早期的 Windows 2000 也是独立的操作系统，主要运行于小型机、服务器，也可以在 PC 上运行。目前个人计算机上采用 Windows 操作系统的占 90%，微软公司几乎垄断了 PC 行业。

2001 年，Microsoft 公司正式宣布将家用操作系统 Windows ME 下一个版本与商用操作系统版本 Windows 2000 的下一个版本合二为一，并将新操作系统命名为 Windows XP。

Windows XP 的设计理念是：将以往 Windows 系列家庭版（个人版）的易用性与商用版（服务器版）的稳定性集于一身。家用操作系统主要有 Windows Vista 和 Windows 7，商用操作系统主要有 Windows 2003、Windows 2008 等。而 Windows 2008 则提前实现了动态 IT，提供了虚拟化技术，提高了系统的安全性，增强了系统平台的可靠性，实现了广泛适用。因为操作系统功能及操作习惯等问题，绝大部分人还是习惯使用 Windows XP 和 Windows 2000，商用操作系统现在用得最多的是 Windows 2003。另外，Windows 操作系统还有嵌入式操作系统系列，包括嵌入式操作系统 Windows CE、Windows NT Embedded 4.0 和带有 Server Appliance Kit 的 Windows 2000 等。

2009 年发布的 Windows 7 版本，开始支持触控技术，具有超级任务栏功能，在界面的美观性和多任务切换的用户体验方面有较大提升。相比于之前的 Vista 版本，进行了缩短开机时间、提高硬盘传输速度等一系列的性能提升。其简单易用图形界面深受用户喜爱，时至 2018 年 5 月，Windows 7 在全球依然占有 41.79% 的市场份额，而在我国更是高达 62.15%，体现名副其实的王者之姿。同期发布的 Windows Server 2008 R2 则是 Windows 7 的服务器版本，是第一个仅支持 64 位的操作系统，它对虚拟化、系统管理弹性、网络存取方式及信息安全等领域的应用性能进行继续提升。

Windows 8 是第一款带有 Metro 界面的桌面操作系统，采用 NT6.2 内核，它旨在让人们日常的平板电脑操作更加简单和快捷，为人们提供高效易行的工作环境。Windows 8.1 则开始为后续的 Windows 10 铺路，不仅让【开始】菜单重新回到桌面，而且针对键盘、Outlook、搜索、娱乐等功能体验进行了大面积优化。Windows Server 2012 是 Windows 8 的服务器版本，包含了一种全新设计的文件系统，名为 Resilient File System（ReFS），以 NTFS 为基础构建，不仅保留了与最受欢迎文件系统的兼容性，同时提供了对新一代存储技术与场景的支持。

2015 年 7 月，微软发布了最新的 Windows 10 版本，这是一个微软在移动优先的新需求背景下推出的极具战略意义的关键版本。它的目标是为所有硬件提供一个统一的平台，实现了"智能手机、PC、平板电脑、服务器"的全设备、从 4 英寸和 100 英寸的全屏幕、从小功能到云端的全平台适配，它提供了新的 Edge 浏览器软件、支持虚拟桌面、改善多任务管理和窗口功能，多桌面、多任务、多窗口等功能全面增强，采用了更加从性化的设备登录方式。美中不足的是在保护用户隐私方面的努力广受批评。

Windows 操作系统的历史版本见表 8-1。

表 8-1 Windows 操作系统的历史版本

版 本 号	开 发 代 号	版 本	发 布 日 期
1	Interface Manager	Windows 1.0	1985/11
2	–	Windows 2.0	1987/11
3	–	Windows 3.0	1990/5
3.1	Janus	Windows 3.1	1992/3
NT 3.1	NTOS/2	Windows NT 3.1	1993/7
3.2	Janus	Windows 3.2	1994/4
4	Chicago	Windows 95	1995/8
NT 3.5	Daytona	Windows NT 3.5	1995/11
NT 4.0	Cairo	Windows NT 4.0	1996/7
4.00.950B	Detroit	Windows 95 OSR2	1996/8
4.1	Memphis	Windows 98	1998/6
4.10.2222A	Memphis	Windows 98 SE	1999/5
NT 5.0	Windows NT 5.0	Windows 2000	2000/2
4.9	Millennium	Windows ME	2000/9
NT 5.1(32) NT 5.2(64)	Whistler	Windows XP	2001/10
NT 5.2	Whistler Server	Windows Server 2003	2003/4
NT 6.0	Longhorn	Windows Vista	2005/7
NT 5.2	Quattro	Windows Home Server	2007/1
NT 6.0	Longhorn Server	Windows Server 2008	2008/2
NT 6.1	Blackcomb, Vienna, Windows 7	Windows 7	2009/10
NT 6.1	Windows Server 7	Windows Server 2008 R2	2009/10

续表

版 本 号	开 发 代 号	版 本	发 布 日 期
NT 6.1	Vail	Windows Home Server 2011	2011/4
NT 6.1	–	Windows Thin PC	2011/7
NT 6.2	Windows 8	Windows 8	2012/10
NT 6.2	Windows Server 8	Windows Server 2012	2012/9
NT 6.3	Windows Blue	Windows 8.1	2013/10
NT 6.3	–	Windows Server 2012 R2	2013/10
NT 6.3.9600.17031	Windows 8.1 Spring Update	Windows 8.1 with Update	2014/4
NT 10.0	Windows Threshold	Windows 10	2015/7
NT10.1	Windows10 Autumn Update	Windows10 Update 1	2015/10
NT10.2	–	Windows10 Redstone	2016/1

8.1.2   Windows 操作系统家族的特点

Windows 操作系统是目前世界上应用最为广泛的一种操作系统，占到总装机量的 90%。而 Windows 操作系统之所以能够如此流行，主要是因为它有吸引人的强大功能和易用性，具体说明如下。

1. 界面图形化

以前 DOS 的字符界面使得一些用户操作起来十分困难，Mac 首先采用了图形界面和鼠标，这就使得人们不必学习太多的操作系统知识，只要会使用鼠标就能进行工作，就连几岁的小孩子都能使用。这就是界面图形化的好处。在 Windows 中的操作可以说是"所见即所得"，所有的东西都摆在你眼前，只要移动鼠标，单击、双击即可完成。

2. 多用户、多任务

Windows 系统可以使多个用户用同一台计算机而不会互相影响。Windows 9x 在此方面做得很不好，多用户设置形同虚设，根本起不到作用。Windows 2000 在此方面就做得比较完善，管理员（Administrator）可以添加、删除用户，并设置用户的权利范围。多任务是现在许多操作系统都具备的，这意味着可以同时让计算机执行不同的任务，并且互不干扰。比如一边听歌一边写文章、同时打开数个浏览器窗口进行浏览等都是利用了这一点。这对现在的用户是必不可少的。

3. 网络支持良好

Windows 9x 和 Windows 2000 中内置了 TCP/IP 和拨号上网软件，用户只需进行一些简单的设置就能上网浏览、收/发电子邮件等。同时它对局域网的支持也很出色，用户可以很方便地在 Windows 中实现资源共享。

4. 出色的多媒体功能

这也是 Windows 吸引人们的一个亮点。在 Windows 中可以进行音频、视频的编辑/播放工作，可以支持高级的显卡、声卡，使其"声色俱佳"。MP3 以及 ASF、SWF 等格式的出现使计算机在多媒体方面更加出色，用户可以轻松地播放最流行的音乐或观看影片。

5. 硬件支持良好

Windows 95 以后的版本包括 Windows 2000 都支持 "即插即用（Plug and Play）" 技术，这使得新硬件的安装更加简单。用户将相应的硬件和计算机连接好后，只要有其驱动程序 Windows 就能自动识别并进行安装。用户再也不必像在 DOS 中一样去改写 Config.sys 文件了，并且有时候需要手动解决中断冲突。几乎所有的硬件设备都有 Windows 下的驱动程序。随着 Windows 的不断升级，它能支持的硬件和相关技术也在不断增加，如 USB 设备、AGP 技术等。

6. 众多的应用程序

在 Windows 下有众多的应用程序可以满足用户各方面的需求。长期以来，Windows 操作系统垄断了个人计算机市场超过 90% 的份额，因而吸引了许多的第三方开发者在 Windows 上开发应用，其数目之多，品种之丰富，相比于其他操作系统而言，有着绝对的优势，特别是办公、教育、娱乐、游戏类的通用应用程序，这也是其能够一直处于个人计算机垄断性地位的关键因素。

Windows 操作系统有着非常突出的优点，但其在安全性和可靠性方面，也广受批评。相比于其他操作系统，Windows 操作系统更容易受到蠕虫、病毒、木马和其他攻击的侵扰。它有很多的安全漏洞，容易造成信息泄露。我国有关部门曾发出通知，中央国家机关采购中所有计算机类产品不允许安装 Windows 8 操作系统。

8.2　UNIX 操作系统

UNIX 操作系统自诞生至今，已有近 40 年的历史了。它从最初一个非常简单的操作系统发展演变成当今具有先进性能、强大功能、成熟技术、高可靠性、能够较好支持网络和具有较强数据库功能等特点的操作系统，在整个计算机技术特别是操作系统技术的发展中，具有非常重要的地位与作用，形成了多用户、多任务的操作系统标准。在大中型企业的服务器操作系统中，选用 UNIX 的非常多；在美国，几乎所有的操作系统教材都是以 UNIX 作为实例的。图 8-1 给出的就是 Sun 公司的一款 UNIX 服务器产品。

图 8-1　Sun 公司的低端入门级服务器 SUN Fire V40z

8.2.1　UNIX 系统的发展与历史

　　UNIX 是当代最著名的多用户、多进程、多任务的通用、交互型分时操作系统。它的前身是 MULTICS 操作系统，该操作系统是在 1968—1969 年间由 AT&T、MIT 和 GE 等企业联合开发的大型、多用户分时系统，美国电报电话公司贝尔实验室的 Kenneth Lane Thompson 和 Dennis MacAlistair Ritchie 也参与了某些项目的开发工作。因为项目过于庞杂，难以达到预期效果，AT&T 公司于 1969 年退出了此项目。

　　1970 年，Kenneth Lane Thompson 和 Dennis MacAlistair Ritchie 二人充分吸取了以往操作系统设计与实践中的各种经验教训，合作设计和实现了 UNIX 系统。Kenneth Lane Thompson 先用汇编语言在 DEC 公司的小型机 PDP-7 上实现，并取名为 UNIX。1971 年，Dennis MacAlistair Ritchie 开发了 C 语言，并于 1973 年用 C 语言重写了 UNIX，形成了最早的正式文件 UNIX Version 5 版本，这就是今天 UNIX 的最初蓝本。从此，UNIX 便与 C 语言结下了不解之缘。用 C 语言改写后的 UNIX 具有高度易读性、可移植性，为迅速推广和普及走出了决定性的一步。1976 年，BELL 实验室应学术界要求公开发表了 UNIX Version 6，向一些公司颁发了使用许可证，并提供了源代码，鼓励这些公司对 UNIX 加以改进，大众的参与为 UNIX 的改进、完善、传播和普及起到了重要的作用，推动了 UNIX 操作系统的迅速发展。在 1978 年为满足商业需求推出了 UNIX Version 7，该版本可以看作当今 UNIX 的先驱，为今天 UNIX 的繁荣奠定了基础。1982—1983 年间，Bell 实验室又先后推出了 UNIX System Ⅲ 和 UNIX System Ⅴ，并提出了 SVID（System Ⅴ Interface Definition）；1984 年，推出了 UNIX System Version 2.0；1987 年推出 V3.0 版本；这两个版本又被称为 UNIX SVR 2 和 UNIX SVR 3；1992 年接着推出了 UNIX SVR 4.2 版本。在此期间，Berkeley 大学发布了 UNIX 系统的 BSD 版本，在整个 UNIX 系统的发展过程中，起到了重要作用。BSD 版本的系统最初在 PDP 机上运行，后来移植到 VAX 机上。比较著名的版本有 1978 年的 1BSD 和 2BSD、1979 年 3BSD、1980 年之后的 4.0BSD、4.1BSD、4.2BSD 和 4.3BSD，由于资金的原因，UNIX BSD 的最后版本是 1993 年发布的 4.4BSD 的。在这些 BSD 版本中，采用了页式虚存存储管理、长文件名、快速文件系统、套接字、网络协议 TCP/IP 等大量的先进技术。著名的 Sun OS 及其 Solaris 就是基于 4BSD 的。图 8-2 给出的就是 UNIX 操作系统整个族系的发展演变进程。

　　UNIX 操作系统能够取得成功，原因在于其系统的开放性，开放源代码是最为关键的因素。通过公开的源代码，用户可以方便地向操作系统中添加新的工具与功能，从而使得整个 UNIX 操作系统变得更加完善，能够提供越来越多的服务，能够有效地形成程序开发的支撑平台。UNIX 操作系统是目前唯一可以安装和运行在个人计算机、工作站、大型机，甚至巨型机上的操作系统。因为其系统的一贯性，越来越多地为企业和个人用户喜欢和采用。

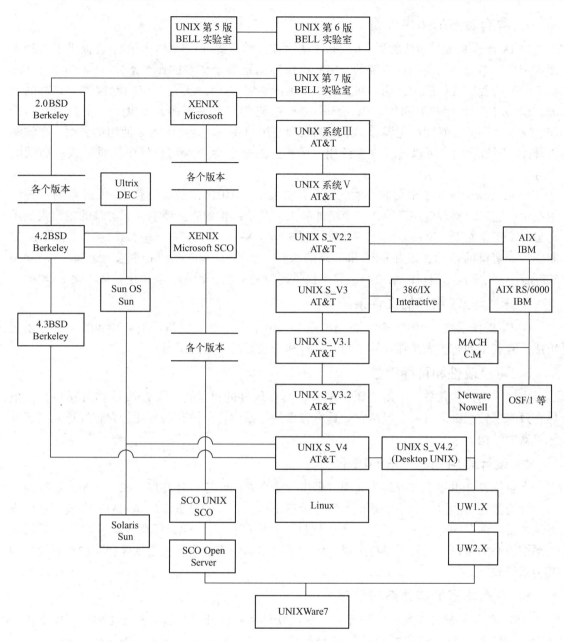

图 8-2 UNIX 操作系统族系的发展演变

8.2.2 UNIX 操作系统的特点

UNIX 操作系统从出现到现在，经历了非常激烈的市场竞争。在 Windows 操作系统、Linux 操作系统、MAC 操作系统等 OS 的强烈冲击下，UNIX 操作系统在工作站平台上的主导地位一直都没有改变过。在 Internet 高速发展和快速普及的今天，UNIX 操作系统的应用又进一步得到了扩大。UNIX 操作系统之所以能够取得成功，与之具有的一些特性是分不开的。UNIX 操作系统的主要特点有以下几点。

1. 具有良好的用户界面

UNIX 操作系统采用功能强大的 Shell 语言作为用户界面。UNIX 操作系统提供了两种界面：用户界面与系统调用。传统的 UNIX 操作界面是基于文本的命令形式，即 Shell。Shell 具有很强的程序设计能力，用户可以用它编制程序，为用户扩充系统功能提供更高级的手段。UNIX 的图形用户界面则与 Windows 操作系统的界面差不多，提供了一个直观、易操作、交互性强的友好图形化界面。系统调用则是用户在编写程序时可以使用的界面，在编制 C 语言程序时，用户可以进行直接调用，系统通过这个界面为用户程序提供低级、高效的服务。

X-window 是 UNIX 中功能强大的图形用户接口（GUI），是基于客户-服务器的一种应用技术。它可以实现应用运行在一个功能强大、易于维护的服务器上，而屏幕的输出则显示在另一个工作站上。X-window 技术包括两个成员：X-server 和 Window Manager。X-server 控制图像和窗口的显示，跟踪鼠标和键盘的操作，一个 X-server 可控制多个窗口。Window Manager 则用于显示窗口的菜单和边界，提供窗口的移动、转换、最大化、最小化等操作。

2. 树状分级结构的文件系统

UNIX 操作系统采用树状的文件结构系统，由基本文件系统和若干可装卸的子文件系统组成。有利于动态扩大文件存储空间，也有利于数据的安全和保密。

3. 可修改性和可移植性

支持多用户多任务，采用 C 语言编写，具有较好的可读性、可修改性和可移植性。虽然在效率上较汇编语言差，但是它却具有较多的汇编语言所没有的特性，它较好地隐藏了具体机器的结构。

4. 设计思想先进，核心精干

在总体设计思想上，着眼于向用户提供一个良好的程序设计环境。整个 UNIX 系统的核心设计简洁且功能强大。整个系统大致分为三个层次：位于最里面的是 UNIX 内核，是操作系统中常驻内存的部分，它直接作用于硬件上；中间层是 Shell，即命令解释程序，是用户与系统核心的接口；最外层是应用层，包含了诸多的应用程序、应用软件和除操作系统外的其他系统软件。

5. 具有丰富的核外系统程序

UNIX 的核外部分主要有应用程序、应用软件和软件开发工具。整个 UNIX 可以提供十几种常用的程序设计语言的编译与解释程序，如 C、Fortran、Basic、Pascal、Ada、Cobol、Lisp 和 Prolog 等。提供的应用程序与工具主要有汇编程序、编译程序、连接装配程序、查错程序、格式排版程序、语言开发工具 YACC 和 LEX 等。用户通过 Shell 调用这些作为文件存放在文件系统中的工具与文件。

6. 具有强大的网络与通信功能

UNIX 系统本身的 uucp 通信工具，可以实现 UNIX 机器之间通过串行口的数据通信，可以实现远程文件传输、远程登录和远程执行命令等操作。UNIX 系统提供了标准的 TCP/IP 协议体系，除此之外，还支持一组网络服务工具程序，因此，在互联网上站点主机大多运行 UNIX 系统。

7.　字符流式文件

在 UNIX 操作系统中，文件采用的是无结构的字符流序列。用户根据需要任意组织文件格式，对文件的存取方式主要有顺序存取和随机存取两种。在系统中，还将普通的数据文件、目录文件和外部设备也统一地作为文件来处理。

8.　管道文件连通

一个程序的输出可以作为另一个程序的输入，通过此原理可将多个程序结合在一起，完成更大、更复杂的任务。

9.　系统更加安全

UNIX 操作系统采用了许多安全技术和措施来满足 C2 级的安全标准，包括对读/写权限的控制、带保护的子系统、审计跟踪、核心授权等，为网络多用户提供了必要的安全保障。

10.　支持多处理机功能

UNIX 操作系统是最早提供多处理机支持的操作系统，它所能支持的处理机的数目也一直处于领先水平。

另外，UNIX 操作系统还提供了 I/O 缓冲技术，系统效率高；剥夺式动态优先级 CPU 调度，有力地支持分时功能；请求分页式虚拟存储管理，内存利用率高等突出的优点。对 UNIX 操作系统本身而言，还存在一定的不足，如实时功能较差、易使用性和易安装性不佳、对硬件环境要求较高等问题，但这些问题在计算机技术高度发展的今天已经有好多得到了解决。

8.2.3　UNIX 常用命令

1.　UNIX 命令的一般格式

UNIX 命令行的一般格式为：

　　　　命令名　　［选择项］［参数］

其中，命令名指的是命令的名称，如 date、ls 等，它总是出现在命令行的最前面。选择项和参数外的 "［" 和 "］" 对，表示语法上选择项和参数是可有可无的。

选择项是一种标志，常用来扩展命令的特性或功能，往往是一个个英文字母，在字母前面有一个连字符 "-"，例如：ls -l。有时也可以将几种表示不同含义的选项字母组合在一起对命令发生作用，如：ls - la。

参数表示命令的自变量，如文件名、参数值等。参数也是可有可无、可多可少的，依据具体的命令要求而定，例如：ls -l /usr/mengqc。

在命令行中，命令名、选择项和参数彼此之间都需要用空格（通常是这样，也可以是其他间隔符号）或制表符隔开；否则，如果连在一起，就往往会出错。

2.　UNIX 的常用命令

在提示符后输入命令，由系统解释执行，这就是 UNIX 操作系统与用户的交互界面，在 UNIX 操作系统中，系统提供的命令是十分丰富的，如文件操作命令、目录操作命令、口令修改、软盘使用命令及求助命令等。在此，只对在常用的操作过程中使用到的命令进行简单的说明。

（1）ls

显示文件名，等同于 DOS 下的 dir 命令。

命令格式：ls［option］file

option 可能的选项如下：

-l：显示详细列表。

域 1：文件类型和文件权限。

域 2：文件连接数。

域 3：文件所有者的名字。

域 4：文件用户组的名字。

域 5：文件长度。

域 6~8：最近修改日期。

域 9：文件名。

-a：显示所有文件，包含隐藏文件（以 . 起头的文件）。

-R：显示文件及所有子目录。

-F：显示文件（后跟 *）和目录（后跟/）。

-d：与-l 选项合用，显示目录名而非其内容。

（2）cd

目录转换，等同于 DOS 下的 cd 命令。

 注意：目录分隔符为“/”，与 DOS 相反。

命令格式：cd dirname

（3）pwd

显示当前路径。

（4）cat

显示文件内容，等同于 DOS 下的 type 命令。

命令格式：cat filename

（5）more

以分页方式查看文件内容。

命令格式：more filename

（6）rm

删除文件。

命令格式：rm［-r］filename（filename 可为文件名，或文件名缩写符号）。

例如：rm　file1　删除文件名为 file1 的文件；Rm　file?　删除文件名中有五个字元，前四个字元为 file 的所有文件。

（7）mkdir

创建目录。

命令格式：mkdir［-p］directory-name

例如：mkdir　dir1　建立一个新目录 dir1；mkdir　-p　dir/subdir　直接创建多级目录。

（8）rmdir

删除目录。目录必须首先为空。

命令格式：rmdir directory

（9）cp

文档复制。

命令格式：cp［-r］source destination

例如：cp　file1　file2　将文档 file1 复制成 file2；cp　file1　dir1　将文档 file1 复制到目录 dir1 下，文件名仍为 file1。

（10）mv

文件移动。

命令格式：mv source destination

例如：

mv　file1　file2　将文件 file1 的文件名改为 file2。

mv　file1　dir1　将文件 file1 移到目录 dir1 下，文件名仍为 file1。

mv　dir1　dir2　若目录 dir2 不存在，则将目录 dir1 及其所有文件和子目录移到目录 dir2 下，新目录名称为 dir1。若目录 dir2 不存在，则将 dir1 及其所有文件和子目录更改为目录 dir2。

（11）du

查看目录所占磁碟容量。

命令格式：du［-sk］directory

例如：du　dir1 显示目录 dir1 的总容量及其次目录的容量；du -sk　dir1　显示目录 dir1 的总容量，以 KB 为计量单位。

8.3　Linux 操作系统

Linux 服务器操作系统是在 Posix 和 UNIX 基础上开发出来的，支持多用户、多任务、多线程、多 CPU。Linux 开放源代码政策，使得基于其平台的开发与使用无须支付任何单位和个人的版权费用，成为后来很多操作系统厂家创业的基石，同时也成为目前国内外很多保密机构服务器操作系统采购的首选。目前国际市场上最流行的 Linux 系统主要有 Ubuntu、Red Hat、Debian、CentOS、Slackware 等。不同的产品针对不同的用户群，如：Ubuntu 被认为是新用户最容易操作的 Linux 平台，Slackware 则面向有着一定 Linux 应用基础的用户，CentOS 是一个企业级的发行版，特别适合对稳定性、可靠性和功能要求较高用户。我国国内市场上也有很多的优秀 Linux 产品，如：红旗 Linux 系列、深度 Linux（Deepin）、优麒麟（Ubuntu-Kylin）、中标麒麟（NeoKylin）等。如图 8-3 所示，就是国内最近比较热门的 Deepin Linux 操作系统。

Linux 是一种新型的网络操作系统，它的最大特点就是源代码开放，可以免费得到许多应用程序，Linux 服务器的安全性和稳定性也得到了用户的充分肯定。由于它是基于 UNIX 系统所做的开发修补，属于类 UNIX 模式，这就决定了其系统的兼容性相比其他服务器操作系统兼容的软件来说，还是具有一定差距的。

图 8-3　国产 Deepin Linux 操作系统

8.3.1　自由软件

　　按照软件权益如何处置来进行分类，软件可以分为商品软件、共享软件和自由软件。自由软件的创始人是理查德·斯塔尔曼（Richard Stallman），他于 1984 年启动了开发"类UNIX 系统"的自由软件工程，即 GNU（GNU's Not UNIX），创建了自由软件基金会（Free Software Foundation，FSF），拟定了通用公共许可证 GPL（General Public License），倡导自由软件的非版权原则，掀开了自由软件革命的序章。这个非版权原则是：用户可共享自由软件，允许随意复制、修改其源代码，允许销售和自由传播。在此基础上，用户对软件源代码的任何修改都必须向所有用户公开，还必须允许之后被其他的用户复制与修改。通过源代码的公开以及对现有成果的分享，避免软件的重复开发，大大提高了软件的生产率，同时，通过借鉴别人的开发经验，也有利于自身软件设计能力的提高。

　　自由软件的发展离不开一个规则，那就是 GPL。GPL 是自由软件必须遵循的一个规则，要想使自由软件得到快速健康的发展，就应该有"我为人人，人人为我"的思想意识，要注意对软件发展的贡献度，而不是一味地索取。为人所熟知的 Microsoft 的 Windows 操作系统将其源程序看作是公司的最高机密，比尔·盖茨早在 20 世纪 80 年代就对"软件窃取行为"大声斥责，认为那样做会破坏整个社会享有好的软件，而自由软件的出现则对其理论进行了最大的驳斥，Microsoft 公司的做法实质上就是阻止帮助他人，抑制了软件对社会的作用，剥夺了人们"共享"与"修改"软件的自由。所以，GPL 协议规则应该被看作是一个伟大的规则，是征求和发扬人类智慧与科技成果的宣言书，是所有自由软件的发展支撑，可以说，没有 GPL 就没有今天的自由软件。而 GNU 项目的目标则是建立可自由发布的、可移植的 UNIX 类操作系统。

8.3.2　Linux 操作系统的发展

　　Linux 操作系统是一个诞生于网络、成长于网络且成熟于网络的特别的操作系统。1991

年，芬兰大学生 Linus Torvalds 编写完成了一个操作系统内核，而作为当时还是芬兰首都赫尔辛基大学计算机系学生的他，在学习操作系统的课程中，萌发了编写一个自由 UNIX 操作系统的想法，他自己动手编写了一个操作系统原型，这样，Linux 就诞生了。为了让这个操作系统能够得到进一步的发展，Linus 将自己的作品 Linux 通过 Internet 进行了发布，允许自由下载，有很多人都下载并对其进行了改进、扩充和完善，很多的电脑黑客、编程人员都加入到这个开发行列中来，这里面也有一些人对 Linux 操作系统的发展做出了关键性的贡献。这就是 Linux 的诞生过程。

Linux 开始时要求所有的源代码必须公开，并且任何人不得从 Linux 交易中获益，而这种对于自由软件的理想化对于 Linux 操作系统的普及与发展是不利的，所以，Linux 转身成为了 GNU 阵营中的主要一员。Linux 操作系统加入 GNU 的时候，GNU 项目已经完成了大部分的操作系统外围软件，而这些软件又必须要有操作系统内核作为其最基础的支撑环境，所以说，Linux 的加入使得 GNU 项目得到了很好实现。在之后很短的时间内，Linux 操作系统就得到了广泛的使用，到了 1998 年，在构建 Internet 服务器这一方面，Linux 超越了 Windows NT。现在，Linux 凭借其优秀的设计及不凡的性能，使得很多大的公司，如 IBM、Intel、Oracle、Sun、Compaq 等都大力支持 Linux 操作系统，很多大型的软件也提供了 Linux 操作系统的支持，能够运行在 Linux 操作系统下的应用软件也越来越多，涉及的行业也越来越广，整个 Linux 的市场份额逐步扩大，逐渐成为了主流操作系统之一。目前，Linux 操作系统的中文版在中国已经非常流行了，因为它的开源特性，也为我国发展自主的操作系统提供了良好的条件与选择。在此基础上，现在全球已经有超过 300 个 Linux 操作系统发行版。所谓的 Linux 发行版就是通常所说的"Linux 操作系统"，主要包括 Linux 内核、系统安装工具、支撑内核的实用程序和库、中间件，以及若干可以满足特定应用需求的应用程序。中文化的 Linux 发行版本也有很多，国内自主建立的就有 BluePoint Linux、Flag Linux、Xterm Linux，以及美国的 XLinux、TurboLinux 等。当然，每个版本都有各自的优点与缺点，但它们都形成了自己相对完整的应用软件及帮助文档，都使用了相同的内核和开发工具，所以大家都使用同一个名称，即 Linux 系统。

从 Linux 操作系统的发展历史可以看出，是 Internet 孕育了 Linux，从某种意义上来讲，Linux 是 UNIX 操作系统与 Internet 结合的一个产物。从当前的发展形势来看，在流行的操作系统中，无论是从用户人数还是从应用的领域来讲，也只有 Linux 有与 Windows 及 UNIX 操作系统相提并论的资格，所以说，Linux 操作系统是一个充满生机的软件系统。

Linux 不仅能够为用户提供非常强大的系统功能，而且还提供了丰富的应用软件。用户可以从网上下载 Linux 操作系统及其源代码，在很多 Linux 的专业网站上，还可以下载到很多的 Linux 操作系统的应用程序，而各种支持 Linux 操作系统的软件更是包罗万象、种类繁多，而且很多的软件还提供了源代码，用户可以根据自身的需要下载应用程序、应用软件及其源代码，进行修改、扩充，本着"人人为我，我为人人"的精神，如果有可能应将自己修改和扩充的软件源代码与其他用户进行共享交流，为 Linux 操作系统的发展做出自己的贡献。

目前 Linux 内核已经被移植到许多的计算机硬件平台，远远超过其他任何操作系统。Linux 可以运行在服务器、大型机和超级计算机上，世界上 500 台最快的超级计算机 90% 以上运行 Linux 发行版或其变种。Linux 内核也广泛应用于智能手机、路由器、电视机和电子游戏机等设备。广泛使用的安卓（Android）操作系统就是基于 Linux 内核开发的。

8.3.3　Linux 操作系统的特点

Linux 操作系统能够在操作系统竞争非常激烈的今天争取到如此巨大的用户群，受到各个国家、各大软件公司的欢迎与采用，取得越来越多的软件支持，这与其自身的特点是分不开的。

1. 开放源代码

Linux 操作系统是免费的，想要得到 Linux 操作系统非常方便，可以通过 Internet 下载相应的程序及源代码。源代码的公开，使得用户可以根据需要与一些部件进行混合搭配，建立自定义的扩展。Linux 系统的内核版本基本无变种，因为它有专人管理，因此用户应用的兼容性就有了保证。开放源代码，也有利于各种特色操作系统的发展，真正起到了对社会进步的促进作用。

2. 多用户、多任务

Linux 操作系统是一个真正的多用户、多任务的操作系统，可以应用于多个方面，如互联网上的网站服务器、网关路由器、数据库服务器、文件管理与打印服务器和供个人使用的计算机等各个地方。多用户是指系统资源可被不同用户拥有和使用，即每个用户对自己拥有的资源有特定的权限，互不影响。多任务则是指计算机可以同时运行多个程序与任务，各个程序相互独立。多用户、多任务是现代计算机的一个最主要的共同特性。

3. 提供了丰富良好的用户界面

在图形计算中，一个桌面环境（desktop environment，有时称为桌面管理器）为计算机提供一个图形用户界面（GUI）。桌面环境的主要目标是为 Linux 操作系统提供一个更加完备的界面，以及大量各类整合工具和使用程序。现今主流的桌面环境有 KDE，gnome，Xfce，LXDE 等。Linux 操作系统为用户提供了两种界面：用户界面与系统调用，通过鼠标、窗口、菜单、对话框等图形界面，为用户呈现出直观、易操作、交互强的友好图形化界面。

4. 提供了丰富的网络功能

Linux 操作系统在通信与网络功能方面要大大优于其他操作系统。它能够全面支持 TCP/IP（Transmission Control Protocol/Internet Protocol），并内置通信联网功能，可以方便实现异种机之间的交流。首先，Linux 提供了大量免费支持 Internet 的软件；其次，用户可以通过一些 Linux 命令完成内部信息或文件的传输；最后，Linux 还为系统管理员和技术人员提供了访问其他操作系统的窗口。

5. 良好的可移植性

可移植性指的是将软件从一个平台转移到另一个平台，它还能够不受环境影响，按程序定义的方式运行的能力。Linux 操作系统良好的可移植性使得其能够在不同计算机平台与任何机器间进行转换使用，从而也使得这些不同平台与机器间可以不使用特殊和昂贵的通信接口，而直接进行通信。

6. 提供了可靠的系统安全

Linux 采用了多种安全技术措施，如对读/写进行权限控制、带保护的子系统、审计跟踪、核心授权等，为多用户环境下的用户提供了必要的安全保障。

7. 良好的设备独立性

所谓设备独立性，指的是系统将所有的外部设备统一当成文件来看，只要安装了相应的驱动程序，任何用户就可以像使用文件一样使用这些设备，而不必知道设备的具体存在形式。Linux 操作系统具有良好的设备独立性，它的内核有高度的适应能力，因为开源，有越来越多的程序员加入到 Linux 操作系统的设计中来，再加上硬件的升级，会有越来越多的设备加入到 Linux 内核和发行版本中；因为开源，用户可以对内核源码进行修改，以使其能够适应越来越多的外部设备。

8. 对硬件要求较低

Linux 系统开始时主要是为低端 UNIX 用户设计的，在只有 4MB 内存的 Intel 386 的处理器上就可以运行。除了可以运行在 X86 机器上之外，还可以运行在 Alpha、SPARC、PowerPC、MIPS 等 RISC 处理器上。

9. 应用程序众多，硬件支持广泛、兼容性好

Linux 的应用程序众多，而且这些软件大多是免费的。Linux 支持 POSIX 标准，所以能在 UNIX 系统上运行的程序大多也可以在 Linux 系统上运行。Linux 还增加了部分 System V 和 BSD 的系统接口，使其成为了一个完善的 UNIX 程序开发系统。Linux 还具有完全自由的 X-Windows 实现。在 DOS "仿真器" DOSMU 下可以运行大多数 MS-DOS 应用程序；在 Windows "仿真器" 的帮助下，Windows 程序可以在 X-Windows 的内部运行。

Linux 操作系统内核本身的发展方向主要是硬件支持、嵌入系统和分布式系统这三个方面。提供更多高性能的硬件驱动程序，让更新、更好的硬件迅速在 Linux 系统下工作，是 Linux 普及和广泛应用的基础。

随着以计算技术、通信技术为主体的信息技术的快速发展和 Internet 的广泛应用，嵌入式软件成为了软件业的新热点。嵌入式操作系统是运行在嵌入式系统中，对整个嵌入式系统以及它所操作、控制的各种部件装置等资源进行统一协调、调试、指挥和控制的系统软件。在未来的社会中，手机、家用电器、洗车等各个领域都会用到智能化的嵌入式系统，所以嵌入式的应用前景就显得十分广阔，而 Linux 系统本身的开放特性及稳定性，都更加适合作为开发嵌入系统的原型，国内外都有相当多的成功案例。

通过调整互联网络将若干台计算机连接起来形成一个统一的计算机系统，可以获得极高的运行能力及广泛的数据共享，这种系统被称为分布式系统。分布式系统也是当前操作系统发展的另一个重要领域，以具有开源特性的 Linux 内核为基础，按照软件工程、自由软件开发模式，开发具有高性能的自由分布操作系统，也是操作系统发展的必然趋势。分布式操作系统的特征是：统一性，即它是一个统一的操作系统；透明性，指的是对用户来讲是透明的，其实它是分布在多台计算机上共同完成一定任务的，但是在用户的眼中，它只有一台机器在运行；共享性，即系统中的所有资源是共享的；自治性，即分布式系统中的任意一台或多台主机都可以独立运行和工作。

除了嵌入式和分布式系统之外，还有批处理操作系统、分时操作系统、实时操作系统、个人计算机操作系统和网络操作系统等。在此就不再赘述了，读者如果有兴趣，可以上网或去图书馆查阅相关资料。

8.4　DOS 操作系统

DOS（disk operating system）的全称是磁盘操作系统，它是一种单用户、普及型微机操作系统，主要应用在以 Intel 公司的 86 系统芯片为 CPU 的微机及其兼容机中。在 20 世纪 80 年代风靡一时，现在已渐渐淡出人们的视野。其实 DOS 在现代的操作系统中，仍然有它不可替代的作用，使用 DOS 命令可以完成一般操作系统中无法完成的工作，是计算机高手非常喜欢使用的一个工具，使用得当，往往可以在危难之际拯救你的计算机。

8.4.1　DOS 操作系统的发展历史

DOS 是由 IBM 公司和 Microsoft 公司联合开发的。DOS 曾有两个流行版本，一是 IBM 公司的 PC-DOS，二是微软公司的 MS-DOS，二者稍有差异，但大致相同，对于普通用户，并不影响使用。20 世纪 80 年代初，IBM 公司涉足 PC 市场，并推出 IBM-PC 个人计算机。1980 年 11 月，IBM 公司和 Microsoft 公司正式签约委托 Microsoft 为其即将推出的 IBM-PC 开发一个操作系统，这就是 PC-DOS，又称为 IBM-DOS。1981 年，Microsoft 推出了 MS-DOS 1.0 版，功能还非常基本和薄弱，两者的功能基本一致，统称 DOS。IBM-PC 的开放式结构在计算机技术和市场两个方面都带来了革命性的变革，随着 IBM-PC 在 PC 市场上份额的不断减少，MS-DOS 逐渐成为 DOS 的同义词，而 PC-DOS 则逐渐成为 DOS 的一个支流。

DOS 操作系统的版本从 1.0 演变到 7.0，功能越来越完善，越来越齐全。1981 年，MS-DOS 1.0 发行，作为 IBM PC 的操作系统进行捆绑发售，支持 16 KB 内存及 160 KB 的 5 寸软盘。在硬件昂贵、操作系统基本属于买硬件奉送的年代，谁也没能想到，微软公司竟会从这个不起眼的出处开始发迹。1982 年，支持双面磁盘。1983 年推出的 2.0 版本，主要增加了目录操作功能，文件管理上了一个新台阶；扩展了命令，并开始支持 5 MB 硬盘。同年发布的 2.25 对 2.0 版进行了一些 bug 修正。1984 年推出的 3.0 版本，主要支持 1.2 MB 的 5.25 英寸高密软盘（1.X 和 2.X 只支持低密盘）及大容量硬盘，并开始对部分局域网功能提供支持；1986 年，MS-DOS 3.2 支持了 720 KB 的 5 英寸软盘。1987 推出目前普及率最高的 DOS 3.3 版本，主要支持 3.5 英寸软盘和网络，支持了 IBM PS/2 设备，并支持其他语言的字符集。1988 年，MS-DOS 4.0 增加了 DOS Shell 操作环境，并且有一些其他增强功能及更新。1991 年，MS-DOS 5.0 发行，增加了 DOS Shell 功能，增强了内存管理和宏功能。1993 年，MS-DOS 6.x 增加了很多 GUI 程序，如 Scandisk、Defrag、Msbackup 等，增加了磁盘压缩功能，增强了对 Windows 的支持。1995 年，MS-DOS 7.0 增加了长文件名支持、LBA 大硬盘支持。这个版本的 DOS 并不是独立发售的，而是在 Windows 95 中内嵌的。之后的 MS-DOS 7.1 全面支持 FAT32 分区、大硬盘、大内存支持等，对四位年份的支持并解决了千年虫问题。

8.4.2　DOS 的主要功能与构成

DOS 操作系统的主要功能有：文件管理、内存管理、设备管理、作业管理和 CPU 管理。早期的 DOS 系统只有文件管理、命令管理与设备管理，在 DOS 4.0 版本以后，引入了多任务的概念，对 CPU 的调度和内存的管理进行了加强，而 DOS 的资源管理功能比其他操作系统却简单得多。

　　MS-DOS 可分为三个基本层次，如图 8-4 所示，分别是：① DOS BIOS：由一组与硬件相关的设备驱动程序组成，实现基本的输入/输出功能；② DOS 核心：提供一套独立于硬件的系统功能：内存管理、文件管理、字符设备和输入输出、实时时钟等；③ 命令处理程序：对用户命令进行分析与执行。

　　最高层主要是与用户的接口，是一组用户键入命令的解释程序。中间层主要是文件管理和系统功能调用层，这一层是 DOS 的核心模块，起着承上启下的作用。一方面，它接收经过最高层解释的用户命令，另一方面，它启动最下层的输入输出程序，以驱动相应

图 8-4　DOS 基本结构

的硬件完成用户命令。底层又叫引导层，它包含了直接驱动，存放在只读存储器（ROM）中的一组功能模块，完成对 DOS 的调用。另外，每一个存有 DOS 系统的磁盘的 0 面 0 磁道 1 扇区处（系指软盘）都存有一段小小的程序。每一次启动 DOS 时，就会由基本输入输出程序（ROM BIOS）将此小程序调入内存，并且立即执行，其结果是由它再将 DOS 的其他模块依次从磁盘中调入内存。这段小程序叫作 DOS 引导程序。

8.4.3　MS-DOS 的特点

1. 文件管理方便

　　DOS 采用了 FAT 来管理文件，这是对文件管理方面的一个创新。所谓 FAT 就是管理文件的连接指令表，它用链条的形式将表示文件在磁盘上实际位置的点连起来。把文件在磁盘上的分配信息集中到 FAT 表管理。它是 MS-DOS 进行文件管理的基础。同时 DOS 也引进了 UNIX 系统的目录树管理结构，这样有利于文件的管理。

2. 外围设备支持良好

　　DOS 系统对外部设备也有很好的支持。DOS 对外围设备采取模块化管理，设计了设备驱动程序表，用户可以在 Config.sys 文件中提示系统需要使用哪些外围设备。

3. 小巧灵活

　　DOS 系统的体积很小，就连完整的 MS-DOS 6.22 版也只有几 MB。其实想启动 DOS 系统只需要一张软盘即可，DOS 的系统启动文件有 IO.SYS、MSDOS.SYS 和 COMMAND.COM 三个，只要有这三个文件就可以使用 DOS 启动电脑，并且可以执行内部命令、运行程序和进行磁盘操作。

4. 应用程序众多

　　能在 DOS 下运行的软件很多，各类工具软件应有尽有。由于 DOS 当时是 PC 上最普遍的操作系统，所以支持它的软件厂商很多。现在许多 Windows 下运行的软件都是从 DOS 版本发展过去的，如 Word、WPS 等，一些编程软件如 FoxPro 等也是由 DOS 版本的 FoxBASE 进化而成的。

8.5　移动端操作系统

移动端操作系统，顾名思义，就是指运行在移动设备上的操作系统。目前主要有 Android 操作系统阵营和 iOS 操作系统阵营，也有如 Symbian、Windows Phone 和 BlackBerry OS 等小众或退出历史舞台在操作系统。这些操作系统使用不同的指令系统，彼此之间的应用软件互不兼容。iOS 操作系统主要运行在 iPad 和 iPhone 上，它与苹果公司的笔记本电脑中使用的 Mac OS X 操作系统，都采用的是一种"类 UNIX"系统的 Darwin 内核，它能够很好地支持多处理器，具有高性能的网络通信功能，并能够支持多种不同的文件系统。iOS 是一个封闭的系统。Android 操作系统是一种以 Linux 内核为基础的开放源代码的操作系统。因其开源的特性，被广泛应用于智能手机、平板电脑、导航仪、触摸一体机等多种不同的电子设备，应用于银行、教育、汽车、公共查询等多种不同的应用场景。

iOS 和 Android 两个操作系统的内核都属于"类 UNIX"操作系统，操作系统发行版的功能也大同小异。作为两个不同的操作系统产品，它们各具特色，你追我赶，在软件版本的进化过程中，相互取长补短，不断发展、完善和进步。

8.5.1　iOS 操作系统

iOS（原名 iPhone OS）操作系统是苹果公司开发的面向移动端的操作系统，早先被应用于 iPhone 手机，后来被拓展应用到 iPod touch 播放器、iPad 平板电脑和 Apple TV 播放器等。它是一个闭环的操作系统，只支持苹果公司自己生产的硬件产品，不支持非苹果的硬件设备。因为 iOS 的闭环特性，它可以保证其系统一直快速流畅地运行和不留痕迹地卸载应用等，这是 iOS 优于 Android 的地方。

iOS 是在对苹果公司 PC 机（笔记本或台式机）所使用的操作系统 MAC OS X 基础上进行修改而形成的。MAC OS X 和 iOS 都是采用的 Darwin 内核。Darwin 与 Linux 一样，也是一种"类 UNIX"系统，它能够很好地支持多处理器，具有高性能的网络通信功能，并能够支持多种不同的文件系统。

iOS 操作系统分为 4 个层次，即：内核层（darwin）、内核服务层（core services layer）、媒体层（media layer）和触控界面层（cocoa touch layer），如图 8-5 所示。内核层的功能与 Windows 和 Linux 等系统内核的功能相似。内核服务层、媒体层和触控界面层则包含了很多的应用框架、组件和函数库。高层框架以低层框架为基础，低层框架为高层框架提供服务。所谓框架，其实就是一些封装了某些功能的中间件或半成品，包含一些可复用的组件和功能模块，供开发人员调用，从而实现新应用程序的快速开发。应用程序一般都是遵循一定的开发规范，在既有框架的基础上开发而成。以这些底层框架所提供的服务和功能为基础，进行功能扩展与封装，形成新的应用程序，满足用户新的需求。例如：开发者可以使用触控界面层中包含的 UIKit 框架，构建应用程序的基本用户交互界面，处理用户基本屏幕触控操作，显示文本和 Web 页面内容，构建定制的 UI 元素等，快速敏捷开发满足用户新需求的应用程序，节省了开发时间，提升了开发效率，更有助于实现移动 UI 的标准化。

从应用程序的角度来看，iOS 扮演着应用程序与底层硬件之间的媒介角色。应用程序不直接与底层硬件进行交互，必须通过 iOS 提供的系统接口进行，系统接口实现与硬件设备的驱动程序进行交流，如图 8-6 所示。这样的分层结构既减少了应用程序开发的难度，也可以防止应用程序修改底层软硬件的参数与程序，提高了系统的可靠性。对于开发人员而言，不需要知道底层硬件的工作情况，只需要向系统接口发出请求和接收反馈回来的数据就可以了。

　　iOS 的用户界面采用多点触控技术，用户通过手指在触摸屏上滑动、轻按、挤压、旋转等不同触控方式与系统进行交互，还可以使用双手（或多个手指）对指定的屏幕对象（如一幅图像、一个窗口等）进行缩放、旋转、滚动等控制操作。iOS 的物理按键并不多，主要包括 1 个 Home 键、1 个 Power 键、2 个音量控制键和 1 个模式切换键，其中 Home 键是应用频率最高的一个按键。轻按 Home 键实现退出应用程序回到主界面功能，长按 Home 键可以打开 Siri 应用程序，连续按 2 次可以显示所有正在后台运行的应用程序，配合手指向上滑动的手势，可以关闭正在后台运行的应用程序。Power 键主要用于锁定屏幕，长按可开/关手机。音量控制键实现音量的增大或减小。模式切换键可以在当前模式与静音模式之间一键快速切换。

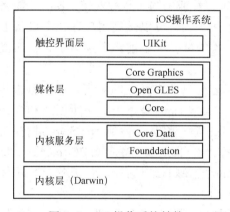

图 8-5　iOS 操作系统结构

图 8-6　iOS 的媒介作用

　　iOS 屏幕的主界面是排成网格状的应用程序图标列表。屏幕底部固定有 4~6 个应用程序图标，一般用来存放最常用的应用程序，用户可根据自己的需要进行适当的调整。屏幕顶部是状态栏，可以显示时间、通信网络及信号强度、电池电量等信息。从屏幕顶部边框向下刷屏可以显示推送通知栏。从屏幕底部向上刷屏可以显示控制中心面板，用户可以对系统提供的各种功能进行开/关操作（如飞行模式、蓝牙、无线网络等），调节屏幕亮度和音量大小，播放/暂停音乐，开/关一些实用小工具（如手电筒、计算器、计时器等）等。在屏幕的任意处下滑，可以快捷打开搜索工具，左右滑动则可以实现向前或向后翻页。

　　iOS 具有推送通知的功能。即不管应用程序是否在运行，推送通知功能可通知用户某个应用程序（如短信、微信、电子邮件等）有新的信息。通知的显示形式有多种，可以直接发送文本通知，可以是发出振动或声音进行提醒，也可以是在 App 图标上添加一个数字标记（数字表示通知的数量）。这样，用户就可以及时打开应用程序，查看最新通知信息，并进行处理。推送通知更像是对用户的一个提醒，它不会干扰正在进行的操作，用户可以立即转过去处理，也可以等有空时再处理。推送通知可以在设置中进行关闭，用户可根据需要进行配置，只显示最常用和重要的通知，既省电，又免受打扰。

　　iOS 操作系统内置了苹果公司自家开发的许多常用的 App（因地区不同有所差异），如邮件、Safari 浏览器、音乐、视频、日历、照片、相机、视频电话（Face Time）、图像处理（Photo Booth）、地图、天气、备忘录、杂志、提醒事项、时钟、计算器、指南针、语音备忘录、App Store、游戏中心、设置、通讯录、iTunes、Siri 等。有一些 App 还是非常实用的，用户可以根据自己的需要对一部分 App 进行删除，但也有一部分 App 是不允许被删除的。

其中智能助理软件 Siri 很有特色，用户可以通过语音或文字输入询问外卖、饭店、电影院等生活信息，了解新闻资讯和相关评论，更可以直接订位和购票。Siri 能依据用户默认的家庭地址或用户当时所在位置来提供信息，这被称为"基于位置的服务"。Siri 使用语音识别技术把用户的口语转化成文字，再用语音合成技术将文字回答转化成语音输出。为了能够为用户提供尽可能正确的回答，Siri 使用了问题分析、网页搜索、知识计算、知识库等多种人工智能技术。

iOS 的另一个特色是云存储服务，它可以让每个用户在云端免费存储 5 GB 的数据，如照片、电子邮件、通讯录、日程表和文档等，并能以无线方式将这些内容推送到同一个 iCloud 账号的其他 iOS 设备上。当用户用 iPad 拍摄了照片或书写了日程安排，iCloud 能将这些内容自动推送到用户的 Mac 电脑或 iPhone 手机上，甚至还可以做到用户在一个设备上被中断的工作，如在 iPhone 上写了一半的邮件，回家坐在 Mac 电脑前再继续写下去，前提条件是这些设备都登录到同一个 iCloud 账号。

除了苹果公司自己开发的 App，iOS 也可以安装运行第三方开发的应用程序，但这些应用程序必须通过苹果应用商店（App Store）的审核，App Store 是苹果公司所创建和维护的应用程序发布平台。软件开发者开发好软件或游戏 App 后，将其上传到 App Store 进行审核，并委托其发售。用户可以直接下载到自己的 iOS 设备，也可以通过 Mac 或 PC 下载到 iPhone 手机中。截至 2017 年 1 月，苹果应用商店发布的 App 已超过 220 万个，最近苹果公司加大了对 App Store 中应用的审核力度，App 人数量有所下降。

用户在使用 iOS 操作系统时，正常情况下所使用的身份不是系统管理员，所拥有的权限较低，有些操作不允许被执行，如：不能删除苹果公司自带的 App，不能安装和使用 App Store 中所没有的 App 等。为了解决这个问题，很多 Apple 发烧友喜欢做一件事情，那就是"越狱"。所谓"越狱"，就是让用户获取到 iOS 操作系统的最高权限，即用户身份改变为"Root 用户"，就相当于 Windows 操作系统中的管理员用户。越狱后的用户就能完全掌控 iOS 操作系统，可任意修改系统文件、安装插件、下载安装一些不被 App Store 所支持的软件等。越狱工具一般会在越狱成功的 iOS 系统中安装一个名叫"Cydia"的软件，以此作为越狱成功的标志，它可以向 iOS 系统中安装不被 APP Store 接受的程序。不过，越狱有一定风险，虽然越狱后安装的应用程序会获取系统权限，但也会给设备带来损害，存在很多的不确定因素。如果进行了不完美越狱，即越狱不成功，那么设备将无法正常启动，而苹果公司对越狱的设备的政策是不再保修，所以，设备变"砖"的可能还是存在的。另外，iOS 每一次进行版本更新时，都会清除所有的非法操作和软件，使越狱无效。

8.5.2　Android 操作系统

安卓（Android）操作系统是一个以 Linux 内核为基础的开放源代码的操作系统，主要使用于移动设备，如智能手机和平板电脑。最初由 Android 公司开发完成，现在由 Google 公司为首的开放手机联盟（OHA）开发和维护。Android 操作系统最初由安迪·罗宾（Andy

Rubin）开发，主要支持智能手机。2005 年 8 月，由 Google 收购注资。2007 年 11 月，Google 与 84 家硬件制造商、软件开发商及电信营运商组建开放手机联盟，共同研发改进 Android 系统。随后 Google 以 Apache 开源许可证的授权方式，发布了 Android 的源代码。2008 年 10 月，第一部 Android 智能手机发布。随后 Android 被逐步扩展到平板电脑及其他领域，如电视、数码相机、游戏机等。据 2017 年 3 月统计，它已经超过 Windows 操作系统，成为全球第一大操作系统。

Android 操作系统是免费、开源的（部分功能除外），任何厂商都可以不经过 Google 和 OHA 的授权免费使用。但除非经过安卓认证其产品符合 Google 兼容性定义文件的要求，制造商不能在自己的产品上随意使用 Google 标志和 Google play 软件商店的应用程序。

安卓操作系统是基于 Linux 内核开发而成，具有典型的 Linux 系统功能和特征。为了使 Linux 内核能在移动设备上良好运行，Google 对其进行了修改和扩充，例如：加了一个名为"WakeLocks"的移动设备电源管理模块，用于管理电池性能。安卓系统自 2008 年发布以来，几乎每年都有新版本发布，2017 年 8 月发布了最新版本是 Android Oreo 8.0 版。

Android 的系统架构和其操作系统一样，也采用了分层的架构。Android 的基本架构如图 8-7 所示，主要分为 4 个层，从高层到低层分别是应用程序层、应用程序框架层、系统运行库层和内核层。最底层是内核层，主要包含各种驱动程序和 Linux 内核。第二层是系统运行库层，主要包含了一些 C/C++ 运行库和 Android 的运行环境。系统库中包含了大量的中间件，能被 Android 中不同的组件使用。Android 运行环境中的核心库提供了 Java 语言 API 中的大多数功能函数，也包含了 Android 系统的一些核心 API。Dalvik 是一种非标准的 Java 虚拟机，Java 语言编写的 App 源程序经过编译后必须转换成 .dex 格式才能在 Dalvik 虚拟机上执行。第三层是应用程序框架层，它包含了许多可重用和可替换的软件组件，如用户界面程序中的各种控件，如列表（lists）、网格（grids）、文本框（text boxes）、按钮（buttons）、

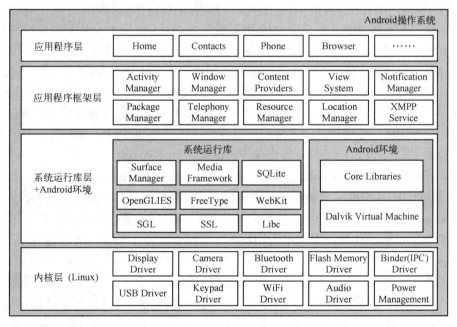

图 8-7　Android 分层结构

可嵌入的 Web 浏览器等。Android 系统简化了组件的重用方式，任何一个应用程序都可以它的功能模块，并且任何其他的应用程序都可以使用这个功能模块，当然必须要能够遵循框架的安全性要求。这样的机制为快速进行 App 开发提供了很多方便，是 Android 应用程序开发和运行的重要基础。第四层是应用程序层，这和 iOS 系统是相同的。Android 会将同一系列的核心应用程序包一起发布，这些应用程序包通常是使用 Java 语言编写，主要包括客户端、SMS 短消息程序、日历、地图、浏览器、联系人管理程序等。Android 本身及智能手机开发商提供了非常多的常用应用程序，用户还可以下载和安装第三方软件开发商的应用软件。

Android 应用程序的后缀是 APK（或 apk），APK 是 Android package 的缩写，即 Android 安装包，它是 zip 格式（压缩文件格式）。安装时只需要将 APK 文件直接传到 Android 模拟器或 Android 手机中即可，经 UnZip 解压缩后，得到一个 Dex（Dalvik VM executes）文件，然后才能由 Dalvik 虚拟机运行。每一个 APP 运行在一个 Dalvik 虚拟机里，而每一个虚拟机都是一个独立的进程，有自己的虚存空间，从而最大限度地保护 App 的安全和独立运行。自 Android 5.0 版本开始，Google 公司研发了一种新的虚拟机——Android RunTime（ART，Android 运行环境）取代了早先的 Dalvik 虚拟机，提高了 App 的运行效率，减少了手机的电量消耗。

我国内地销售的国产和进口的 Android 智能手机，由于多方面的原因，一般都不提供 Android 系统原来所附带的用户界面和应用程序，而是替换为自己开发的功能相似的用户界面和应用程序。如：华为的 EMUI、小米的 MIUI、三星的 Samsung Touchwiz、宏达电子的 HTC Sense 等，他们秉持以用户为中心的理念，以简单、方便、人性化等为原则，希望能够使用户得到最佳的使用体验，对原生的系统界面和应用程序进行优化和替换，这些二次开发的 UI 和应用程序，都具备了非常高的水准，达到或部分超过了 Android 原生系统和 iOS 系统，如 2018 年 6 月，华为发布的 GPU Toubo 技术就是一个非常优秀的创新和突破，它将绘图处理器 GPU 的图形处理效率提升高达 60%，功耗却大大降低了 30%。

Google 通过与苹果公司 App Store 相似的谷歌市场 Google Play，向用户提供应用程序和游戏的购买和免费下载。Android 平台提供给第三方开发商一个十分宽泛、自由的环境，不会受到各种条条框框的阻扰，因此，会有非常多新颖别致的应用程序时刻在诞生。截至 2017 年年底，Google Play 商店拥有 360 万个经过 Google 认证的应用程序。同时，用户也可以通过第三方网站下载一些应用程序。与 iOS 系统相比，App Store 软件商店的数字媒体非常丰富，音乐、电影、电子书琳琅满目，游戏软件丰富多彩，但各种应用软件却不如 Google Play 商店多，这是因为在开放的 Android 上，更容易开发出各种方便实用的应用程序。但这其实也有其两面性，血腥、暴力、情色方面的程序和游戏如何控制，是留给 Android 平台的难题之一。

Android 平台的开放性是其能够突出重围的重大优势。Android 开放的平台允许任何移动终端厂商加入到 Android 联盟中来，可以使其拥有更多的开发者，随着用户和应用的日益丰富，一个崭新强大的平台也将很快地走向成熟。开放性对于 Android 系统自身的发展而言，有利于聚集人气，这里的人气既包括消费者，也包括厂商。对于消费者而言，最大的受益是其可以获得更加丰富的应用程序资源。开放的平台也会带来更大的竞争，无论是对厂商，还是对开发者，可以获得更加健壮的生态，如此一来，消费者将可以得到更具性价比的设备。由于 Android 的开放性，众多的厂商会推出千奇百怪、各具功能特色的多种设备和产品，虽然功能上存在差异和特色，但却不会影响到不同设备间的数据同步，甚至软件兼容等，如：

从诺基亚 Symbian 风格手机改用苹果 iOS 风格的 iPhone 手机时，还可以将 Symbian 中优秀的软件带到 iPhone 上使用，而联系人、短信等资料更是可以方便地迁移。

由于 Android 操作系统的开放性和可移植性，尽管它大多搭载在使用 32 位或 64 位 ARM 架构 CPU 的硬件设备上，但它同样也可支持使用 32 位或 64 位 X86 架构 CPU 的硬件产品。因此，现在它已经被广泛应用在各种电子产品中，包括智能手机、PC/笔记本电脑、电视机、机顶盒、电子书阅读器、MP3/MP4 播放器、游戏机、智能手表、汽车电子设备及导航仪等设备。即使是苹果公司的 iOS 设备，比如 iPhone、iPod Touch 以及 iPad 产品，也都可以安装 Android 操作系统，并且可以通过双系统启动工具来运行 Android 操作系统。

正因为 Android 操作系统的开放性和自由性，一些恶意程序和病毒也随之出现。有些是以短信或邮件附件方式感染智能手机的木马程序，有些伪装成应用程序，有些则隐藏潜伏在一些正规的应用程序之中。为此，现在已有很多种安全防护处理软件（如 360 手机卫士、Avast、F-Secure、Kaspersky、Trend Micro、Symantec、金山毒霸等）来完成病毒的防护工作。但这些安全工具只是一种防护措施，关键还在于用户在使用手机时应该注意改正一些不正确的使用手机习惯，如不打开来历不明的文件和附件、不登录未经验证的 WiFi 网络、定期进行手机杀毒等。

8.6　本章小结

本章主要介绍了 Windows、UNIX、Linux、MS-DOS 等操作系统的发展历史以及各个操作系统的主要技术特点，还对部分操作系统的常用命令形式进行了说明。其实各种操作系统之间也是有一定继承关系的，如 Windows 操作系统早期就是依托于 MS-DOS 系统的，随着系统的发展与硬件的升级，才慢慢地脱离了 DOS，而形式独立的操作系统；Linux 操作系统本身就是一个类 UNIX 操作系统，在 UNIX 下能够独立运行的应用程序和软件，大多也可以在 Linux 操作系统中运行。因此，在学习过程中，应该注意多种操作系统的结合学习，而不应就事论事，将目光局限于一个操作系统中。

8.7　习题

1. Windows 操作系统有哪些特点？
2. UNIX 命令行的一般格式是什么？请举例说明。
3. 自由软件的思想是什么？
4. Linux 操作系统有哪些特点？
5. MS-DOS 的三个基本层次分别是什么？
6. DOS 系统有哪些特点？